OUTDOOR CLASSROOMS
a handbook for school gardens

户外教室
学校花园手册

[澳]
卡罗琳·纳托尔（Carolyn Nuttall）
珍妮特·米林顿（Janet Millington）
著

帅莱 刘易楠 刘云帆 译

插图作者
玛丽－安妮·科特、凯·席费尔拜因和简·博顿利

电子工业出版社
Publishing House of Electronics Industry
北京·BEIJING

内 容 简 介

本书是朴门永续设计理念指导下的教学景观设计指南、花园的维护手册，以及开展自然教育活动的备课助手，它是朴门书目中非常经典的一本将朴门活动与儿童教育相关联的书，包括建立可食花园、教孩子种植食物、食品安全和食品经济、人类及地球的健康、朴门永续和可持续性等多个方面。本书可以拆分为许多主题：朴门永续指导下的学校花园设计指南、自然教育活动组织手册、学校花园维护策略、教案分享等。

本书适合所有想让户外环境成为教学资源的教育者，以及期望孩子们可以用身体的劳作和感知来让知识内化，并且在真实的环境中学习真实生活的人群。

Original edition published in the United Kingdom, under the title:
' Outdoor Classrooms: A Handbook For School Gardens '.

Copyright © Permanent Publications, The Sustainability Centre, East Meon,

Hampshire GU32 1HR, United Kingdom *www.permanentpublications.co.uk*

版权贸易合同登记号 图字：01-2016-7249

图书在版编目（CIP）数据

户外教室：学校花园手册 / (澳) 卡罗琳·纳托尔 (Carolyn Nuttall)，(澳) 珍妮特·米林顿 (Janet Millington) 著；

帅莱，刘易楠，刘云帆译. -- 北京：电子工业出版社，2017.8

书名原文：Outdoor Classrooms: A Handbook for School Gardens

ISBN 978-7-121-32358-4

Ⅰ.①户… Ⅱ.①卡… ②珍… ③帅… ④刘… ⑤刘… Ⅲ.①校园－花园－园林设计－手册 Ⅳ.① TU986.5-62

中国版本图书馆 CIP 数据核字 (2017) 第 182047 号

策划编辑：白俊红
责任编辑：白俊红
印　　刷：三河市鑫金马印装有限公司
装　　订：三河市鑫金马印装有限公司
出版发行：电子工业出版社
　　　　　北京市海淀区万寿路 173 信箱　　　邮编 100036
开　　本：880×1230　1/16　印张：11.75　字数：297.6 千字
版　　次：2017 年 8 月第 1 版
印　　次：2024 年 6 月第 9 次印刷
定　　价：69.00 元

献 辞

谨将此书献给我的母亲伊丽莎白·爱丽丝·纳托尔,感谢她充满爱的支持。同时,也将此书献给斯蒂芬·多诺万,这个男孩因学校花园而找到了自己的方向。

卡罗琳·纳托尔

我要将这部作品献给所有想要学习的教师和需要教学的学习者。感谢那些教会我生命中最奇妙功课的人,感谢我的母亲、父亲和丈夫米克。特别感谢我的孩子凯蒂和大卫,他们不断给予我如此的喜悦,以及我们在户外共处时的美好回忆。

珍妮特·米林顿

致　谢

　　我衷心地感谢我的教师朋友们：罗茜·奥布莱恩，撰写并填补了本书的一些篇幅；帕特·冈则是在我的写作过程中需要一个聆听者时，贡献出了他聪明的头脑。同时，我要感谢我的侄女西西莉娅·纳托尔的帮助，并且特别感谢我的合著者珍妮特·米林顿，感谢她给予我的友谊、鼓励以及倾注在本书中的辛勤工作。

　　　　　　　　　　　　　　　　　　　卡罗琳·纳托尔

　　感谢比尔·莫里森和大卫·洪葛兰，早在20世纪70年代，他们就已经预见到我们将会迫切地需要建立可持续的社区并赋予孩子以责任感和自力更生的能力。我要感谢菲奥娜·波尔及其早期的朴门永续学校花园设计和儿童朴门永续设计项目；还有莱奥妮·沙纳汉，她充满激情地努力让孩子们能吃到真正生长在繁茂的朴门花园里的食物。我要感谢北臂公立学校和尤姆迪公立学校，他们提供了富有启发性的教育计划，并且非常认同和接受户外教室的概念。我最想感谢拥有美妙心灵的合著者卡罗琳，我对她抱有极大的敬意，感谢她对我的信任，以及我们在写作中逐渐建立的深厚的友谊。

　　　　　　　　　　　　　　　　　　　珍妮特·米林顿

推荐序——学校即花园，花园即学校

你有没有觉得在室内上课总是不专心呢？如果教室的场景换到花园里，又会是怎样的情况呢？偶尔飞来的蜜蜂、蝴蝶、小虫都可能引起你的注意，所以，在这里，你的学习不只是上课的经验，更是环境所提供的各种自然感受。《户外教室》这本书摆脱了教育只在教室空间内进行的固定模式，转而思考将户外空间的环境融入教学。于我而言，学习了多年的空间设计，也看到一种不同的空间思维与学习机会，所以当这本具有启发性与实操性的书即将被翻译出版时，真是特别开心。

一个校园的使用人员，是里面的教职员工和学生。而一个校园的设计，也应该尊重学生与老师们的意见，使设计里融入使用者的参与，以形成校园里的教学景观，即一种反映人与环境的对话的呈现。一座有使用痕迹的校园，是通过设计与建造完成的，再加上使用者的共同经营，才能让校园的"景"具有生命的痕迹。正如朴门永续设计里所谈的"朴门永续设计是与自然合作而不是对抗，注重系统的全部效用而不是只有一种产出"，在自然界如此，在人与自然的共存环境中更是如此。我在台湾花莲的东华大学里开设校园永续生活设计，正是运用朴门永续设计进行校园的教学景观的改造；除了讲授校园永续生活的知识外，更创造了使用者与校园地景①的紧密连接，使学生们在大学四年的生活里，可以拥有不同的生命经验。

朴门永续生活设计，是以"照顾地球、照顾人、分享多余"为核心价值，学习自然的法则，在每一个地方建立资源循环利用、生物多样性的生产架构，它结合了当地的各种资源，包括在学校中的空间、课程与各种活动等。在这里大学不只是生产知识，更是生产各种农作物与营造生态。在过去的几年中，每位参与的学生都必须进行自己的生态菜园操作，有的时候结合时令我们也必须在校园内进行食物森林②与一些主要作物的生产，这当然不只是一门课程，更是对当代生活便利中的各种知识与生活脱节的情况的一种反省。所以，一所学校的真实景观会是怎样的呢？它应该把学习（learn）和景观（landscape）作为连接，成为"learnscape"，正是把知识（内）与实践（外）联合起来作为"连接学习的景观"的真实学习连续体。

我原来在大学里教"小区创意行动方案设计"一门课，这是一门有关小区营造的课程，通常会通过各种方案的介绍来说明社造的操作，也会加上一些花莲当地的实践方案让学生参与。但我总觉得学生在学校里就是一个大社区，应该从自己所在的地方做起，而非只是停留在课堂内的案例讨论与到外面的小区短暂的学习上。因此，那一年的课程我们就近在自己的学校"大学里"对这个教师学生所生活的大"小区"进行更细致的了解，通过讨论与思考来设计这个属于大家的"小区"，毕竟"小区"的共识是讨论出来的，更是动手实践出来的。隔了一段时间，因为多年来花莲的小区及部落进行农业

---

① 地景，英文 lands cape，亦指景观。

② 食物森林，利用自然生态，搭配适当的乔木、灌木、地被的栽植，结合农业和林业技术，创造多样化、健康和可持续的土地持作。

的协助，因而对农业介入生活是充满想象的。所以除了这门课程，我就在大学里又开了这门"校园永续生活设计"的课。这门课程除进行课程讲授外，着重于动手实践的操作。学生参与校园的农艺、生活空间的实作，进行生活环境外围的生态菜园、食物森林的建构；同时，通过永续设计的学习与讨论，让参与的学员们理解校园规划中更为细致的环境生活营造，大家亲自动手，实际操作，我们将校园地景（landscape）变成可食用的地景（edible landscape）。

每一个学校不管空间大小，都应思考其空间潜力，即让每一个使用者在里面产生多元的可能，包括在里面的学习与各种活动，它当然不会只是在里面种种菜和果树，更重要的是它可以让人与人串联起来，产生新的网络与活动连接；也可以让您在其中享受观察、体验与思考自然等乐趣；一个被称为校园的地方，应该不只是一所外观看起来像校园的地方，而是其空间充满了学习机会的地方都可被称为校园，各种有价值的教学活动都可以在这里开展，不仅是关于自然和种植，还有团队合作、观察、系统思考等，这些都可以通过与自然连接，形成一个更为紧密的学习结构。

最后借用约翰·杜威所说的话："孩童有一些与生俱来的倾向性，比如在实践中学习、探索、操弄工具、建造东西以及表达快乐的情绪。"我相信不只是孩童，在每一个人心中始终都住着一个孩子，充满着赤子之心，对世界的一切都是好奇的。

享受在花园里学习的时光吧！那所学校即花园，花园即学校！

颜嘉成
花莲朴门永续乡村学校
东华大学通识中心兼任讲师

真实的自由，身边的自然

"你从事的是什么行业？"

"景观设计。"

"如果用一句话或者一个词概括景观设计的最高境界，你认为是什么？"

"自然。"

十年之前的一次旅程，我在飞机上偶遇了胡大平博士。这是他的问题和我的回答，至今我常常忆起那直戳重点的提问，也时时刻刻在提醒我反思我的设计、我的教学。景观设计是一门跟自然关系非常密切的学科，但学生们对自然非常不敏感。这大抵是由两方面的因素造成的。一方面，现代都市环境污染令人们不愿意去触碰自然，河流变得污浊发臭，行人闻之恐躲闪不及；土地受农药化肥污染，玩泥巴的游戏从童年中消失……另一方面，现代景观设计已经走向了一种标准化——行道树普遍是一些香樟、法国梧桐或者银杏，行道树下基本上是杜鹃灌木和麦冬或草皮，这些植物已成为城市景观的标配，导致城市景观越来越单一，城市生物多样性骤减。曾几何时，我们的幼儿园及中小学校园，为了安全和便利，也越来越走向纯粹——干干净净、清清爽爽。我们的孩子们，也被教育下课后不要到处"乱"跑。这样的景观，这样的行为规范，深层的本质都是在一点点牺牲孩童与自然的亲密接触。特别是日前我在沪上（上海）一所著名的民办初中上课，进入这所令人窒息的校园，这钢筋混凝土铸就的"纯粹与干净"，正是上述教育观念的极致体现。这样的学校培育的学生可以一时成绩很高，但我坚信不会持久。这一切的根源，源自我们的教育，特别是自然的环境教育。而环境教育的未来在

哪里？在我们当下的基础教育；在校园的空间和内容，在社区的更新和改变；在室内，更在户外。

而如何使得我们的学校、我们的社区，成为多元包容的环境教育的据点？使每一位居民、每一位幼童，在身边就可以参与到环境的形成和维护当中来？《户外教室——自然学校手册》提供了理论基础和解决方案。在这个急躁的时代，我们需要静下来，省思而动手去实践。这些自然而然的营造让孩童见证了土地和自身的力量。这是生命的力量，也是孩童独立的力量。这些未必完美的建构和使用，足以使得个体可以不必依赖于权威，着手体察土地及其自然产出，融于自身，心手相济，逐渐摆脱消费主义，也摆脱对虚拟世界的沉浸与技术追寻的狂妄。这是一种真实的自由，只有在动手中才能体察到，才能形成人格。这也是身边的自然，只有靠每个人的参与，才能永续发展。身边也可以有诗意——这就是人与自然、人与人和谐相处的最高境界。

今天在创智农园写下这段思考，我还一直记得去年夏天的蛙鸣。那是盛夏的某一天傍晚，一只，还是两只？久违的惊喜！恰巧一对长者携幼散步，三人俯身，凝视着小水洼，整个世界因为这天籁之音，顿时安静了下来……顷刻，蛐蛐开始合奏，高低起伏，这是大自然的交响曲……想必在清晨，在午后，白头鹎的清亮与婉转，珠颈斑鸠那老朋友般遥远的呼唤，麻雀的窃窃私语，当然，还有孩子们清朗的笑，跑来跑去的欢快的脚步，狗儿们踩在松软的木屑上的噗噗声，壶里的水洒在花儿菜儿们叶面上轻柔的刷刷声……这一切，伴随着叶面的摩

挲，或雨打芭蕉，或小池塘上溅起水花和泡泡……还有那秧苗的拔节，蚯蚓的驿动，听得到吗？嘤其鸣矣，求其友声。这声音就是最自然的呼唤。此刻，农园也是一个绝佳的户外教室。自然让我们充满敬畏，心生感激。

本书的主译帅莱，北大才女，虽为新友，但缘源于对朴门（Permaculture）的共同践行，而一见如故。深交后才知近年她利用工作之余已经翻译了好几本关于自然教育、朴门的著作，感叹她的执着努力和探索实践，希望这本手册能够给中国大陆的景观设计、自然教育注入新的活力，引领行业的发展，成为景观设计、城市设计、社区规划、社区营造、"城市双修"乃至生态文明建设的绿宝书。本书将作为我主持的景观实践课程的必备参考书，也将是同济景观系列营造工作坊的参考书。

同志难觅，贵在行动，这些著述、这些实践都是在发出自己的心音，形成和声。心声已响，交相辉映，辗转反侧，绵延无穷……这些吟唱逐渐渗透，连接了都市一个又一个孤岛，形成一片又一片绿洲，慢慢滋养泛亮茂盛，成就属于我们共同的家园——都市的桃源。

以上片段之言不敢称之为序，聊以表达对著者和译者的敬意！

刘悦来博士
同济大学建筑与城市规划学院景观学系学者
上海四叶草堂青少年自然体验服务中心理事长
2017年6月于上海创智农园

学校花园——梦开始的地方

学校花园里有什么？锁孔花园、蚯蚓肥堆、小鸟喂水器；自然与人的和睦相处、食品经济与安全、人类健康与地球可持续发展、科学农学与生活哲学的艺术……淳朴自然与现代教学，在这里实现了完美的交融。

环境对于孩子们的影响，往往是最直接、最深刻的。当居住在钢筋水泥森林中的孩子们真正回归自然、走进自然、深入地去探寻大自然的无穷奥秘时，源于自然的无穷无尽的经验将会引导孩子们去更好地认识自己、认识自己所处的世界。秉承着以学生为教学活动主题的理念，我们鼓励孩子们走进花园中的课堂，聆听自然的声音。

在学校花园里，动植物生活的艺术才能，将会源源不断地哺育孩子们的好奇心和求知欲，激发出孩子们最纯真的天性和令每一名老师都感到惊叹的创造力。

在学校花园里，孩子们将在教师的鼓励和引导下去观察、分析、思考和研究大自然，学会批判性思考，利用已有的知识和经验去尝试解决问题，亲手参与一个自然生态系统的建设，培养起与人相处、合作的社会能力。

在学校花园里，植物的种植艺术和农业生态可持续发展的朴门学原理，将让孩子们初步形成人与自然和谐相处的观念，引导学生综合运用语文、数学、科学、经济学、工程学、技术、艺术等学科，以探究性学习活动为主，培养出孩子们进行自主探究的学习习惯，激发出孩子们对世界的好奇心，为以后的终身学习和生活打下扎实、深厚的基础。

在学校花园里，大自然巧夺天工的设计和绝妙的运行原理，将教会孩子们用科学的方法来解释自然界中的一些现象，形成严谨的科学态度，培养出孩子们浑然天成的自然美感，在潜移默化中点醒孩子们对科学原理之美的领悟。

在学校花园里，四季的变换和生命的轮回，将让孩子们感受到生命的神圣与庄重，赋予孩子们对农业、科学、生活哲学和艺术的感悟，成为综合素质高的人，在多元文化的社会中成为考虑周到、能够积极应对各种挑战、具备关怀和反思的世界公民。

在这间神奇的户外教室中，你能学习到很多意想不到的知识。这里的每一处空间，都被最大限度地利用。我们尊重儿童立场，以儿童的视角来看待世界。此刻，我们的学校花园便成为了梦想的乐园。我们引导孩子们"以万物为师，与自然为友"，在这个美丽的花园中，找寻自己最感兴趣的话题。也许是一朵傲然绽放的无名小花，也许是一棵生长在校园的参天古树，这一切都是我们最好的教学资源。当孩子们真正身处其中时，才能体会到这所学校花园的神奇魔力。

邓翼涛，高级教师
北京市海淀区中关村第一小学课程与教学中心主任
海淀区科学学科带头人

译者序

发现这本书是在两年前，在泰国清迈潘亚农场的图书馆里，原本只是想拿起一本多图的书翻一翻打发炎热的午休时间，却发现这本书无比有趣，在深入阅读之后便认定这是为我当时的状态解惑指路的奇书：

因为对于设计师来说，这是一本朴门永续指导下的学校花园设计指南；对于自然教育者来说，这是自然教育活动组织的手册指南；对于学校老师来说，这是学校花园的维护策略和备课小助手。

在遇见这本《户外教室》之前，我有了自己的宝宝，开始接触到各个流派的育儿思想，并从自己的喜好出发断断续续地做了一年的自然教育；随后，我觉得作为景观设计师，技能并不应该局限于带小朋友认植物，于是探索了一系列共建性景观的活动；然后，去学了朴门永续设计的课程，也碰巧获得一个设计学校花园的机会，不仅需要设计场地，还需要设计活动。所以于我而言，这本书可以算是当时我在异国收获的一本秘籍。

特别能够打开我思路的是：这本书谈论的并非简单的学校园艺课，而是利用户外花园这个环境去学习园艺以及园艺之外的知识，以一种动手操作和亲身实践的方式来开展学习。户外教室是一个载体、一个场所，它与室内教室一样能够承载多种教学内容的开展：数学、语文、英语、历史、地理、天文、考古、生物，等等。并且作者认为，只有将户外教室的使用与教学的主课（没错，世界各地都看重成绩）相结合，而非只有自然老师在自然科学课上用到这片场地，才能让作为户外教室的花园得到多方的支持和认可，在校园内永葆生机。

我深深迷恋着这种动手操作，用身体的劳作和感知来创造和学习的方式。更让人鼓舞的是，这本书并非一套小众的"自然教育"操作方式，而是要和主流教育系统接轨融合的"在自然中教育"的途径。这意味着如果这种思想和方法得到推广和认同，将会有更多的孩子从中受益。多元智能理论已经让我们意识到，儿童的很多才能和天赋并不一定会在传统课堂上体现，而如果这些才智能够在主流教育体系下的户外教室中迸发并被洞察发现，你能想象这能成就多少孩子吗？这让我萌生了想要翻译此书的念头，而当时前往泰国的潘亚农场，也是为了参加自然建筑的课程——去亲手和泥巴、做砖、抹墙，边做边学，要比在室内看着书本和PPT学习有趣得多。

随后我与我的小伙伴组建了翻译小组：刘易楠，一位生物科学硕士，却从事着自然教育工作，还给罗宾·弗朗西斯在中国的朴门课做过口译；刘云帆，北京大学景观设计学硕士，满脑子都是旅行和朴门，还跑去给华德福的夏令营做翻译。幸好有大家的共同努力和相互支持，这本书才最终得以完成。

离开潘亚农场之后，在台湾遇到了我的朴门老师唐敏，她是一位定居台湾30余年的美国人，是朴门永续设计专业认证教师和专业认证设计师，擅长社群合作式农艺计划、食物森林设计和生态复育等。我在参观完她的社区农园之后聊到这本书，说到想要把这本书翻译出来，却不知道要如何着手操作。唐敏老师有非常丰富的翻译出版经验，给予了我很多建议和指导。她告诉我说，这是一本将朴门永续与儿童教育相结合的非常经典的书，她非常希望我能将这本书翻译出来。

而我的另一位朴门老师颜嘉成，也非常支持这本书的翻译。颜嘉成老师是台湾大学建筑与城乡研究所硕士、朴门永续设计专业认证教师和专业设计师。目前在东华大学社会参与中心担任研究员。他不但为此书的中文版写了精彩的推荐序，还通读了其中与朴门设计密切相关的一些章节，确保了中文翻译的专业性。

在这份期许与支持之后，我们又收获了更多的帮助和支持。我在东台原宿农场担任自然建筑课程的翻译，在此期间结识了比尔·莫里森的《永续农业概论》简体中文版的翻译者李晓明老师，这位朴门经典著作的译者向我讲述了翻译出版过程中会遇到的诸多问题和情况。感谢李老师的鼓励和支持，并在本书最终成稿后通读了译文，提供了许多专业的意见和建议，帮助我们进一步完善了书稿。

感谢中国农业大学奚雪松老师的引荐，此书才得以顺利出版；感谢同济大学的刘悦来老师，他不但自身是实践自然教育、朴门社区农园、共建景观的先行者，而且为我们开展与户外教室相关的实践活动提供了大量的支持；感谢我的朋友李世奇和王梅芬帮助翻译了一些章节，也感谢我的责任编辑白俊红为此书的出版付出的不懈努力以及对我的信任。

最后要感谢我的先生陈斌，正是你给予我的信任、支持与自由度，让我没有被家庭事务所牵绊，从而有足够的时间和精力去摸索自己的兴趣和方向；还要感谢我们可爱的儿子陈墨，你是我翻译此书以及做一切与之有关的努力的最原初的灵感、动力和能量的来源，是你的到来领我进入一个全新的世界。

帅莱

2017年3月14日于上海

目 录

前　言

关于本书

🐛 尽管这本书是为全日制学校的教师所写，但我们努力吸引所有在工作中要与孩子相处的人来阅读。

🐛 我们提供的信息用于教学目的的开发和户外教室的使用。这是一系列可选择的方案，而非特定的要求。

🐛 我们的目的是基于新的计划和新的资源来拓展思维和实践。

🐛 这里没有关于植物的大篇幅的知识。这些信息从其他途径获取会更为便利。

🐛 书中的某些想法往往是天马行空的，但我们认为在某些层面上是可行的。

🐛 我们意识到每个校园社区都是独特的，没有一以贯之的方案。

🐛 我们希望那些设计和建构教学环境的教师们能从户外获取灵感。

引 言

究竟要多少位老师才能说得清一个学校花园为何物？

好吧，在本书中只需要两位老师！

我们俩是小学教师，加起来有超过60年的教学经验，其中有很多时间是在从事"基于花园环境的教学"（garden-based learning）的。我们建造花园并且目睹了它们对学生的正面影响；我们与教师们一起庆祝他们在教学任务中找到新的能量和灵感；我们和社区一起自豪地看着孩子们的进步。这些事实向我们揭示了学校花园的价值和潜力。现在，我们退休生活的动力来源就是保持与学校的联系，并且写下这本书，因为从学校花园中能学到的功课从没有像现在这般重要。

教育者不能在需要做出重要决策时置身事外。我们将面对这样一个未来：石油供给量不断下滑，气候变化使我们的生活发生巨大的改变。为了可持续发展和顺应国民意愿，英国将号召学校开展环境教育，因为孩子们将来会承担起创造可持续未来的责任并享受这一硕果，而这正是为他们所做的准备和技能充电。老师们将被期许能够制定相应的教学策略来达到这样的成效。而这是一个巨大的挑战，因为它涉及诸多层面的变革。

我们希望本书能在转型期为大家指引方向。并且我们知道，一个看上去简单的学校朴门花园具有在这一挑战中胜出的特性。

本书结合了两位拥有不同经验和专业知识背景的作者的经验。读者可以发现在一些相同的地方我们有不同的处理方式，但也可以看到我们对学校花园有着同样的热情。我们将这种多样性视作本书的一个优势。

本书建议了多种校园园艺过程和途径，读者们可以自信满满地从很多案例中找到适合自身情况的创建花园和研发教学计划的好点子。

在珍妮特的论述中，你可以获得一个完整而详尽的朴门花园发展方案：关于它的建立、设计、维护及课程连接。这些建议是非常实用和有效的，老师们会发现她文中囊括的那些课程信息是可以直接拿来用的，这可以节省时间。珍妮特是一位对于自然世界有着深刻理解的教师，因为她在多年的土地（包括那些在学校里的土地）使用中运用朴门永续的原则。她做过整体校园环境设计、学校花园设计、课程、教学单元以及教学计划的研发。最近，珍妮特又在为职业教育部门培训教师并协助撰写英国国家的朴门认证培训。她是一位善于启发的教育者，为了支持她文中的想法和观点，艺术家凯·席费尔拜因创作了引人入胜的插图。

卡罗琳有一个略微不同的关注点，尽管她也有朴门永续的背景，但她更多地从学校花园的历史以及它们复兴的理由着手。她的花园世界是为了激励老师和学生将学习过程迁移到户外来，这样孩子们能轻易掌控他们自己的学习，并且与老师分享相关的任务、构想、计划及实践方略。她深入研究了富于想象力的奇妙的户外教室；它可以使校园环境对于年轻人来说变成一个更有创造力的地方；一个他们可以玩耍、工作和尽情想象的地方；一个他们能够重获与自然环境的连接（而这是他们正在失去的东西）的地方。艺术家玛丽－安妮·科特为这些想象绘制了生动的插图。

真挚地欢迎你和你正在教授的孩子们步入这座"户外教室"殿堂。

卡罗琳和珍妮特

想象一个拥有多样户外教室的未来校园

教学景观应该长什么样？下图向我们提供了一些想法。这是一个将高效率能源、高科技以及被动式太阳能建筑集合起来并以一个农场的方式来进行布局的校园。教室有院子，这样就能轻易走到户外，而在教室之外的校园空间则是一个用于工作和玩耍的充满探索性的场所。在这里，孩子们可以在日常生活中与自然保持联系，并且通过玩耍、亲身体验以及特定的研究来学习生活和生存的功课。

在这里校园环境被珍视为一种课程研发的设施，并且学校的老师们将这个空间作为他们的教室的延伸。他们开发了多种户外教室来作为特定课程科目的学习场所，或仅仅想要一些充满想象力的游戏场地。在这个学校的校园里，有空间来饲养动物、建立花园、做堆肥、循环利用、放风筝、玩游戏，或者只是在一棵大树下听故事。

Part I

卡罗琳·纳托尔

老校园的新愿景

现在是时候用新视角审视校园了。如果我们看重儿童的真实体验，就不应该锁上操场，将孩子赶入屋内。我们应该设计他们的校园环境，让他们与丰富的世界和反映他们兴趣的自然景观建立连接，让自然环境对于孩子变得有意义。

校园空间是学校最基础的资源，传统的校园空间主要就是用于体育活动的操场。几乎所有的学校都能很好地满足孩子的这类需求，但是校园空间不应该仅仅有跑道和攀爬架。

教师们已经知道在户外散步中收集或观察自然风物的价值，并能按照他们的意图更好地利用校园空间。孩子们则利用午餐时间在校园的自然元素中进行探险。这就是他们的户外教室，因为学习同样发生在校园的室外空间当中，孩子是一直处于学习状态的。

我们要用古老的实践智慧创造一个满足教师需求的校园景观，让孩子通过与富有生态多样性的自然景观的实际接触，来加强他们的环境意识的发展。

同一块景观既可以让孩子们在自然的场域中（在植物当中或者泥土地上）玩得安全而有创造力，又可以发展他们自己的智慧和环保意识。

校园对青少年来说是重要的场所，它可以承载的内容比传统上我们赋予它的更多。孩子们喜欢在操场上运动和攀爬活动设施，但现在的孩子们可能需要更多：由于城市儿童缺乏与自然连接的机会，提高校园环境质量的重任就落在各个学校的肩上了。即便尚存争议，但为了当代儿童和生态的健康，教育工作者可能需要在学校里每天为孩子们提供有品质的户外体验，并智慧地运用这些活动创造教学机会。

在现代学校，环境意识和环境质量问题是没有被纳入考虑范畴的。校园的自然化及其作为教学场所的使用，已经开始通过如学校花园、教学景观（learnscaping）、生态绿化等项目逐步开展。这些重要的前期活动都是为了建立这样的愿景：校园的发展建设是可以以教育为目的的。这样的校园有丰富的资源支持科目课程的学习，并且课程开发与校园发展可以相互交融。

这一需求将开启校园新的视野——从一个新的视角来看待校园将会长成什么样，将包含什么，并且将如何与学习相辅相成。

在继续前进之前，我们先来回顾一下学校花园的历史，以及影响其变迁的驱动力吧。接下来的描述是一个简要的阐释，如果对一些人的贡献有所遗漏还望见谅。

学校花园简史

Norwood Infant School garden, 1912-1913   M.M. Pugh

　　据说在教育中没有什么是所谓的新鲜事物，学校花园的出现也是一样的。在澳大利亚，菜田一直是学校的元素之一，虽然近些年学校对其的偏好时有时无。

　　早在1902年，花园在维多利亚州[1]就是学校常见的景观元素。在那个时代，根据皇家委员会对技术教育的调查，一个"新"的教育体系在维多利亚州立学校实施。"新"制度是以欧洲和英国的发展趋势为基础的，并宣扬（作为第一原则）体验式学习的重要性。而该委员会的建议之一就是种植学校花园。

　　在昆士兰州[2]，学校农业活动有着悠久的历史。隶属教育部的社团项目分部在二战以后的几十年内支持着全州各个学校的许多社团。菜田在此期间非常流行，但是随着教学大纲的转变很快就被撂荒了。到了20世纪60年代末，随着人类登月成功以及未来科学和数学教学对儿童脑力的争夺，学校花

园作为逝去时代的遗存，在校园中鲜有见闻。

　　新的教学大纲、新的方法论以及新形式的开放教室在20世纪70年代开始出现，老的学校打开它们分隔的大门，新的学校开始建立。开放教室的时代到来，而且教室成为所有学习的核心。学校花园在"奎逊纳积木"（Cuisenaire rod）[3]和《迪克与朵拉的冒险》[4]（Dick and Dora）面前退居二线，至少在昆士兰州是这样。

就如农业上的休耕，一段时间的沉寂对于学校花园来说是很有好处的。当学校花园在几十年后重出江湖时，它满血复活，也有了新的教学方法。

在这个过渡时期，从70年代开始，人们将促进儿童发展的最佳氛围与学校环境重新连接起来。那时，在高校学术圈中讨论的话题包括个体差异、学习方式、体验式学习以及儿童对场地的感知。讨论的焦点是以儿童为中心的学习，争论也持续了很长一段时间。

在同一时期，朴门永续设计悄悄兴起。朴门永续设计是一套设计系统，是由比尔·墨里森（Bill Mollison）和大卫·洪葛兰（David Holmgren）为了创造可持续的人类环境而创立的。它包括一项原则：将食物种植带回城市。朴门永续设计师与教育者成为了建立学校食物花园的重要先行者。

从80年代开始，朴门永续设计课程的毕业生们（通常是学生家长）向校长寻求许可在校园里建立花园和堆肥系统。他们将花园设计的知识和自然系统的保护与延展的重要性带入校园，因此，现在朴门永续设计成为学校花园设计方法的首选。

在1981年，热情的社区成员们在阿德莱德黑森林小学（Black Forest Primary School）建立了最早的现代学校花园。现在花园由一名对花园充满热情的老师负责运作，包含了各个年级的课程，并且作为一个成功的学校花园范例迎来了很多来访者。

在1986年，英国科教部与郡议会开展了一项名为"从景观中学习"的研究。这一行动意在解决两个议题：如何扩大教育机会，以及如何提高校园环境质量。这一组织活跃至今。

同一时期的澳大利亚，引入了环境教育的教学大纲，户外环境教育中心也开始设立。这为学校和社区提供了高效的教育项目，也为学校设立了强有力的生态目标。

教学景观：一个新的教学理念

在1991年，马尔科姆·考克斯（Malcolm Cox）用"教学景观（learnscape）"*一词来阐释他的论点：学校可以将其校园环境更好地用于教育目的。

"教学景观（learnscape）"是"学习（learn）"和"景观（landscape）"的合成词，组合起来意为"连接学习的景观"。考克斯提议校园的发展和课程的发展要相辅相成，教室中学术的学习可以由校园中特别设计的地点提供支持。

教学景观理论的延伸已经超越了学校花园的概念，但是这一理论正是学校花园建立的重要平台。

*想象一下……学校花园作为"教学景观"，库塔山植物园，1991

新南威尔士州教育培训部（DET）接纳了教学景观的概念，作为一种环境教育的行动。接下来开始了被称为"绿化校园"的行动，这一行动在十几年前创立并运行了几年。教学景观成为了关注的焦点，并且在时任教育官员辛迪·史密斯（Syd Smith）的指导下，这种规划设计策略被广为应用。

一个建立较早并获得教学景观设计奖的学校是位于新南威尔士州北部的哈伍德岛公立学校（Harwood Island Public School）。时任校长海伦·泰亚斯·图贾尔（Helen Tyas Tunggal）进一步发展了教学景观的理论和应用，她首先借助教学景观信托，而现在是以新南威尔士州的安古里（Angourie）为基地的教学景观规划设计。

1998年教育培训部资助了15所学校建立教学景观项目，这也成为斯肯普（Skamp）与伯格曼（Bergmann）研究的一部分，他们是来自南十字星大学（Southern Cross University）教育学院的研究人员。这项研究旨在观察教师对于教学景观的价值与影响的看法。

1992年当我班上的学生在校园里创造了一个可食花园时，我开始涉足户外学习领域。我把这个故事记录在1996年出版的一本书里，这本书叫作《孩子们的食物森林：一间户外的教室》（A Children's Food Forest: An Outdoor Classroom）。我在1999年又为此出版了一本关于学校花园的辅助材料的书，叫作《环境工作坊》（The Environmental Workshop），并且在2003年再版时改称《食物森林材料列表》（The Food Forest Resource Sheets）。

在1995—2000（此书停止出版）的5年里，我与此书的插画师玛丽·安妮·科特（Mary-Anne Cotter）为《国际朴门永续设计期刊》（Permaculture International Journal）写了一期儿童专版，叫作《食物森林》（Food Foresters）。这篇文章的阅读对象是有兴趣在家里或者学校种植的年轻人。

用朴门永续设计开发学校花园

在20世纪90年代中期，许多学校花园已经建立。朴门永续设计者们扮演着领路角色，他们探索着花园的可能性，让孩子们有意识地用有机和地球友善的方式来为自己种植食物。

1995年，一个新西兰的教育者罗宾娜·麦柯迪（Robina McCurdy），在黑森林小学（Black Forest Primary）开展了一次学校花园的工作坊，这让她在阿德莱德市的澳洲朴门永续设计大会（Australian Permaculture Conference）上成为先锋人物。罗宾娜成为这一领域的引领者，她的工作对于学校花园理念的发展有广泛而重要的影响。

另一个先行的学校花园推动者莎莉·拉姆斯登（Sally Ramsden）创造了"C区（Zone C）"[5]的概念，作为朴门永续规划中一个专为儿童设置的区域。

90年代对户外环境教育的支持在增加，环境教育中心拓展了他们的项目。政府部门、市政委员会和社区小组通过拓展学校资源来处理环境议题。

这些议题包括土地关怀议题、水和能源观察项目、废弃物处理与回收、环境意识、自然栖息地保护、自然场域修复和校园的教学景观。此外，关心乡村复兴的众多团体给予学校的"深耕"校园活动以鼓励。

在1995年，美国的教育者史蒂夫·梵密特（Steve van Matre）到澳洲旅行，来推广他的书《地球教育：一个新的开始》（Earth Education: A New Beginning）。他指出，环境教育正在误入歧途，成为了"环境误导"，因为这种教育没有为环境问题的解决带来足够的紧迫感。他说，美国的环境教育正在成为"指派的、弱化的、无足轻重的"教育。梵密特提供了另外一种方法——让儿童沉浸在充满深层生态理念的户外探险当中。

1997年，昆士兰的诺莎朴门永续设计（Permaculture Noosa）的成员珍妮特·米林顿（Janet Millington），也是本书的作者之一，与菲奥纳·波尔（Fiona Ball）共同创立了"儿童朴门"（Permi Kids）[6]组织。菲奥纳和蕾奥妮·沙纳汉（Leonie Shanahan）一直活跃在学校、周末工作坊以及节庆与市集里，她们用有趣的园艺活动以及视觉与表演艺术为儿童设计特别而有趣的活动。

还有一些教育者在持续地为儿童关于食物议题的学习做出贡献，比如位于南澳大利亚阿德莱德市[7]的夯特采集者设计工作室（Hunter Gatherer Designs，huntergd@chariot.net.au）的杰奎·夯特（Jacqui Hunter）；位于新南威尔士拜伦湾的种子储蓄网络（www.seedsavers.net）的裘德·范东（Jude Fanton）。他们都为学校基于花园的学习提供了资源。

新千年，新兴趣

随着新千禧年的到来，人们对学校花园的兴趣也日渐增长。提升学校对于户外教学价值的认知看来会是一个稳定而缓慢的过程，但这一切终将改变。

一位餐厅老板有她的话语权。2001年在墨尔本，斯蒂芬妮·亚历山大（StepHanie Alexander）作为一个主厨和一本烹饪书的作者，离开了她的厨房长椅，散步踱过学校的大门。很少有人像她那么大胆，她想要"让孩子动手做园艺和烹饪，以此带领他们感受种植出新鲜食材的快乐和益处"［摘自《和孩子一起在厨房花园学烹饪》（Kitchen Garden Cooking with Kids），2006，viii）］。

她在墨尔本城区的科林伍德学院（Collingwood College）成功建立了一个厨房花园。2004年，她建立了"斯蒂芬妮·亚历山大厨房花园基金"，用于推广厨房花园的概念，并将这一理念扩展到其他学校当中去。

通过斯蒂芬妮和她的基金会的努力，学校花园作为学校均衡发展课程体系的重要组成部分，其受关注度已经大大提高。她提供了一个范例，这个范例拓展了一系列学校花园教育可利用的方法。政府高层对此也报以关注，并分配大笔资金让其他州跟进学习这个案例。

大约同一时期的墨尔本，有一个支持政府住宅区发展社区食物花园的组织，叫作"耕耘社区"（Cultivating Community），他们开发了自己的花园教育方案，并在墨尔本的一些学校当中施行。他们最初曾与斯蒂芬妮·亚历山大一起在科林伍德学院的学校花园里工作。

可持续发展教育

2003年，澳大利亚政府发布了《为了可持续的未来而教育——澳大利亚学校的国家环境教育声明》。这为各州的环境教育愿景提供了国家性的赞允。

政府正在寻求教育的显著革新，如新的教学方法以及生态意识的提高。这构成了一个新的素养，即生态意识素养。可持续发展的趋势预示着教育的一个重大转变，而教师们将被要求实现这些改变。

学校花园这个想法就像看起来那样简单，我相信作为一系列革新事件的背景，它在价值观转变和鼓励学校实施可持续发展的环境教育趋势中找到了很好的位置。

会有众多的资源和形式来支持教师，例如专业培训、交流机会、会议、资源材料、当地团体的协助以及私人顾问。

很多长期工作由社区组织来提供，这些组织包括：澳大利亚城市农场和社区花园网络（www.communitygarden.org.au）、墨尔本的耕耘社区（www.cultivatingcommunity.org.au）、布里斯班的种植社区（www.northeystreetcityfarm.org.au）、新南威尔士州伊拉瓦拉的"关怀设计"（CareDesign）、南澳大利亚的"学在花园"（Learning in the Garden），以及遍及澳大利亚的朴门永续设计组织（www.permacultureinternational.org）。他们全都在为学校花园项目提供支持。这只是一份不完整的清单，现在有更多的组织与学校在一起努力。

学校花园有着一个不断增长的支持者清单：州、联邦和地方政府、政治团体、教育者、商业和农业组织、家长团体、环保主义者、朴门永续设计者、营养学家、良好食物/有益健康的游说团体、校园小食部团体、社区农业团体、慢食运动、教学景观与可持续校园团体。

肥胖与营养不良

肥胖与营养不良正困扰着当今的澳大利亚儿童。许多学校通过建立学校花园，在他们的健康饮食计划中展现新鲜食物的理念。校园小食部改变了他们的菜单，提供更优质的食物选择，并唤起对于食物议题的关注。以上这些都是重要的项目，而现在基金资助开始聚焦在新鲜食物教育、厨房花园和健康理念这些领域，学校花园将会出现在更多的学校里。

不确定的时代

我们生活在一个包含着极大不确定性因素的时代里。地球环境健康已经变得如此糟糕：全球变暖、资源枯竭、土地和水体退化、人口增长、饮用水短缺、生物多样性减少、石油峰值论、食物与健康问题。破坏已然发生，修复我们的环境的集体行为设计正在逐步得到落实。

社会期望行为的改变能够从学校开始，我们也的确看到许多围绕垃圾减量、节水节能和减少运输等议题所做的努力。最近这些议题正在渗入校园，而且学校花园能给予孩子的远比社会期望的要多得多。

老师知道孩子们一旦投入诸如园艺这类项目中，就能学得很好。以花园为基础，我们能看到老师的教学方式与孩子的学习方式都发生了改变。

校园里不起眼的种植花园，对所有孩子来说，可能是他们建立环境意识和基本技能的地方，这能让他们舒适地生活在不确定性当中，乐观地、无畏地、负责任地、无忧无虑地生活，理解是什么构成了他们的幸福安康。

未来主义者将我们的注意力吸引到正在崛起和占据优势的生物科学研究当中。学校花园是生物学早期教育诞生的地方，从现代学生迎合未来需求的趋势来看，学校花园也有其重要的地位。这是学校开展重要项目的契机，如道德教育、教学伦理、原则、价值观和美德。让这一代学生参与到一些讨论当中，因为生物科学家让他们的知识超出我们所知的领域。[8]

学校花园的复兴

从达尔文市到德文特河流域，孩子们在校园的土地上耕种，教师们则获得教授与学习的机会。

花园在整个澳大利亚的学校中如雨后春笋般出现，这一点也不奇怪，因为学校花园的复兴是由学校系统内外不同的利益相关团体共同推动的。这些团体的投入，意味着学校花园再次出现了新的活力、教学方法、园艺技术及紧迫性。

这并非地区性现象。全世界的儿童都在学校进行园艺活动，无论是贫穷的国家还是富庶的国度。这是一个全球趋势，由全球性的危机所驱使，有时是饥饿，但更多的是环境和健康问题。再加上气候变化与能源减少（可能是受到全球供油产能高峰的影响），学校花园可能会在接下来的几年受到更大的关注。

学校花园复兴的趋势将会持续。越来越多的人接受了这样的观点：花园是校园中一个合宜的景观，并且是均衡发展的课程体系中不可或缺的一部分。教育举措，如新版基础知识（New Basics）、必备知识学习（Essential Learnings）和可持续学校（Sustainable Schools），将利用学校花园作为支持框架，以某种方式来协助开发他们的倡议。

孩子们对花园的喜爱和他们的热情，都预示着花园即将复兴。学校花园是校园里的一处专属于他们自己的地方。看来这种"儿童领地"（childish plot）[9]在一段时间内会成为校园里的常规景观。

学校花园的价值

"花园的价值在于它是沉思与平静的地方，也是我们可以被自然滋养和恢复精神的地方。"

——海伦·库欣（《不止有机》，2005；28）

学校花园价值的研究验证

现在关于学校花园价值的证据越来越多，虽然其中大多数仍属于逸事奇闻，但相似的结果在整个澳大利亚和海外被记录下来。这些证明来自孩子们以及在学校花园里与他们互动的人，关于学校花园具有正向价值的证据是非常显而易见的。由在学校花园里工作的老师所收集的反馈的确很有帮助，基于这些实证研究，老师们可以充满信心地去建设和维护一座花园。相关的科学论证还在调查的初级阶段，而其发现将会在未来几年里指导老师们的实践。

在花园学习中，不为人知的好处可以延伸至很多方面，如学生们的课堂学习，社会与个人的发展，以及对于食物和环境议题的理解。一些观察者还提到对于学校健康和更好的社交连接有益。老师则发现为教学工作提供了新的能量，并且在组织教学的过程中产生了更多的想法。

学校花园的积极潜力还没有被完全理解。但我们持续了解到花园能对人施以重要的正面影响：一系列的创造力、欢乐与和谐。并且花园可以突破其自然界限，与更广阔的世界产生连接，包括精神层面的世界。

但也不要过分赞誉学校花园，并不是所有学校花园都能达到令人欣喜的水平。正如人们在努力的同时，也存在一些问题阻挠他们通向成功。在学校的情境中，存在着儿童对于任务毫无准备、时间的约束、教师的积极性、校长与继任者的支持等问题。而另外一些看似更大的问题，反而不会阻碍学校花园的成功，如水源限制、园艺知识缺乏、作物减产和财务紧缩。

接下来是一组简介，关于学校花园的贡献及其带来的好处。为了方便大家阅读，这些想法都以要点概括的形式列出来，而学校花园的好处和价值远比我列出的这些要多得多。

对孩子而言
花园的乐趣

观察一株植物从种子开始成长，有一种愉悦的惊奇。我们必须尊重这样的惊奇，并且鼓励儿童对自然好奇和感兴趣。学习是他们的天性，而花园则是每一个儿童学习的场所。

亲身实践式学习

学校花园是在环境中学习，而不是关于环境的学习。在这里儿童可以通过第一手的直观体验，了解动植物的多样性、它们的生活史，以及所有生命的成长与衰败。

在这里他们亲近自然的元素：花园中的土壤、水和阳光；他们学习观察气候，为季节变化做准备。

在花园里，儿童通过近距离观察包括他们自己在内的生命行为，开始建立对生态学更深入的理解。

生活技能

园艺是一项生活技能。结合规划、建造和养护花园的学习策略，会成为年幼时习得而沿袭至成年的技能。花园是一个有生命的系统，在花园中劳作对儿童和成年人来说都是一项有创造性的工作。

从广义上来说，花园是那些掌管我们生活的力量的交会点——自然元素、社会和环境系统，以及我们所生活的这个活生生的地球。园艺活动是一种头脑、身体、精神合一的尝试，它同花园本身一起滋养着老师与孩子们。

儿童的园艺工作

儿童可以通过园艺工作强健体格，增加活动量、敏捷度、技能和贡献度。他们可以学会使用工具，并能熟练完成有用的工作。

儿童能重新发现许多已经丧失的事物和体验，比如通过做家务获得对家庭生活有所贡献的成就感。

食品问题

学校花园是健康饮食计划的一个组成部分。正如我们所知，儿童愿意去品尝一些新的东西，如果这些食物是他们种出来的话。

通过自己种植一些食物，儿童会形成对食品问题的理解：食物从哪里来，植物长什么样子，植物的哪一部分是可食的，以及这些植物的名字是什么。

这些也让儿童接触到食品作物的多样性，了解到不同文化的人可能吃不一样的食物。重要的是，他们知道自己能够种植食物，习得技能，成为生产者，而不仅仅是消费者。他们可以学会如何料理在学校里种植的食物，他们可以享用食物，并且分享给其他人。

寻找自律的儿童

花园的工作能发展儿童的自我管理能力。并不是所有的儿童都能发展到这一层次。

老师问调皮捣蛋的孩子："谁在管着你？"

孩子说："是你！"

老师说："不，不是我。"

孩子又试探性地说："是妈妈？"

老师回答："不，是你。你才是自己的管理者，你应该告诉自己要行为得当。"

对教师而言

花园与教学

教师可以在教学进程中利用花园环境来拓展学习方式，包括亲身实践型学习、探究型学习、问题导向型学习和儿童启发性学习。这些教学技法可以很容易地在户外教室里得到应用。

花园与课程设置

学校花园项目大小各异。在一些学校里，花园活动与广泛的学科课程相关联，而另一些学校则仅将花园用于诸如科学、数学、营养学这样的教学活动中。在一些案例中，食物花园独立作为一项活动，有自己的地位和一套核心知识点。

在花园中的劳作是一种跨学科的活动。在花园里的学习就像游走在课程间的针线，将各个学科中倾向于使用花园的要素穿插在一起，以此将各个学科融合，消除它们之间的边界。而老师要做的就是解开其中的疙瘩，找到学科间的连接之处。

这个过程吸引着不少老师，他们很喜欢学科框架不受限制时丰富的教学工作。

花园无边界

我们可以告诉孩子们，花园不止这么大，他们在这个花园中的善举，同时将会为整个环境带来好的影响。孩子们能够了解，当他们应用对地球友好的系统让植物生长并吸引野生动物时，他们的花园就会变成自然世界的一部分——校园里的一小片为当地的野生动物提供食物与庇护所的土地。

主人翁意识

当教师在学校花园里建立起学习的环境时，孩子们就能全身心地参与到学习过程中去，而这就是学校花园带来的好处。全身心的参与包括主人翁意识、管理、决策、体力劳动、对花园的关心与责任感。当花园成为"孩子们的花园"时，花园带来的好处就更多了。

学校花园的全方面的价值与益处是很多的，为了方便阅读，我们将这些列成清单。然而，这些并不是全部的内容，谁又能知道花园对孩子的灵魂带来的全部影响呢！

测量员

教育学的好处

老师能在花园环境中提供广泛的教学风格：

- ❋ 主动式学习
- ❋ 亲身实践式学习
- ❋ 实验型学习
- ❋ 真实情境学习
- ❋ 以儿童为中心的学习
- ❋ 儿童启发式学习
- ❋ 合作学习
- ❋ 整合学习
- ❋ 问题导向型学习
- ❋ 探究式学习
- ❋ 地方化学习
- ❋ 试错学习

花园活动帮助老师以广阔的视野来看待课程，如：

- ❋ 多课程连接
- ❋ 跨学科活动
- ❋ 随机教学法（incidental learning）
- ❋ 整体研究
- ❋ 充足的规划创意
- ❋ 为所有学生提供项目

学校花园帮助儿童获得更多与老师一对一接触的时间：

- ❋ 在核心科目有更好的表现
- ❋ 思维能力的发展
- ❋ 激发求知欲
- ❋ 在标准测试中有更好表现
- ❋ 深化理解力
- ❋ 提出更深入的问题
- ❋ 自评技能发展
- ❋ 全体儿童的成功
- ❋ 为想获得实操技能的学生提供机会

研究员

教师与负责运营花园的学生共同承担教学工作：

- ❋ 管理工作的责任
- ❋ 增加的权利与义务
- ❋ 贡献感
- ❋ 归属感
- ❋ 意识到相互连接的重要性
- ❋ 尊重他人和他们的权利
- ❋ 增强对食品问题的意识
- ❋ 做自己学习的主人
- ❋ 学生与老师的权力关系
- ❋ 启发自主学习的机会
- ❋ 生活技能的学习
- ❋ 照顾地球的伦理

种子收集员

学校花园是孩子们珍视的地方，因为这里：

* 是劳作与学习的地方
* 是属于孩子的
* 可以作为游乐园
* 是自然化的校园
* 有更优质的环境质量
* 能提供更好的玩耍机会
* 有更多的动植物
* 凭借荫蔽或水体营造宜人的微气候
* 可以营造气氛与环境
* 能提供户外教学场地
* 是野生动物的避难所
* 为教室提供花卉
* 欢迎访客

学校花园对儿童的身体发育十分重要：

* 提供新鲜空气
* 劳作中同时使用大脑和身体
* 通过健康的饮食促进身体健康
* 锻炼身体
* 习得新技能（建造或使用工具）

在建造花园的过程中，儿童可以从很多人身上学到东西，如：

* 教师
* 朴门永续设计师
* 厨师
* 园丁
* 父母
* 同龄群体
* 专家
* 社区人员
* 长者
* 文化群体
* 原住民

大厨

儿童在种植、收获和制备食物时，可以了解到各种重要的社会角色：

* 公民意识
* 厨艺
* 合作与共事
* 纪念性和持续性能起到的激励作用
* 包容性
* 花园里的植物生长到了边界之外
* 在地食物的生产
* 国际性的交流
* 能源与水的观察
* 循环利用
* 分享多余物品
* 如何对待社区
* 如何对待整个自然

学校花园能提高学校的健康水平:

- 提高出勤率
- 减少倦怠感
- 减少霸凌行为
- 改善行为习惯
- 减少破坏公物的行为
- 减少操场事故
- 增进自信与表现

儿童对一些问题获得更深入的理解:

- 食物从哪里来
- 气候、季节与生命循环
- 文字与表达
- 校园里的生态学
- 自我、才能与自己的方向
- 如何与他人共事
- 朴门永续的解决方法
- 当地与全球的议题

花园是一个教学的场所:

- 道德发展
- 基于解决方案的学习
- 负责任的行动
- 包容
- 伦理的理解
- 美德
- 价值观
- 原则
- 权威
- 自由
- 和平

学校花园的关键优点:

- 种植新鲜健康的食物
- 食育
- 亲身实践式学习
- 儿童启发式学习
- 体力劳作
- 道德发展
- 对于在实操领域中表现良好的儿童是一种鼓励
- 自豪感
- 接待访客的场所
- 提供自发学习和机会学习的契机
- 深层生态认知
- 一个儿童可以自行管理的地方
- 一个学习的场所

户外的教与学

"孩童有一些与生俱来的倾向性，比如在实践中学习、探索、操弄工具、建造东西以及表达快乐的情绪。"

——约翰·杜威（John Dewey），1916

老师们并没有忽视儿童的这种智慧，但这些理想很难在教室里实现。解决之道可能在于重新审视"儿童学习场所"这一概念，因为"在哪里学习"似乎的确影响着"如何学习"。老师们发现将花园和其他户外探索作为教学背景时，孩子们就可以在课程项目中嵌入体验式学习。

学习的途径很多，有些容易组织，有些比较困难。所有的老师都知道，在实践中学习和发现知识，对于每一个孩子来说都是一大乐事；他们也知道让所有的孩子在这种模式下学习，前期准备是十分困难的，经常受限于教室的空间，或者材料与管理的缺乏。而在户外，这些限制就都不存在了。

接下来的故事讲的是塞维利亚路公立学校（Seville Road State School）的儿童花园，我用这个案例来讲解一下将户外场地建设成探索式学习场所的过程。

塞维利亚路的故事

在1992年，我鼓励在里斯班郊区的一所学校的五六年级学生（我的学生）在校园偏僻处建一个蔬菜花园。他们之前要求建造一个雨林，而我将兴建菜园作为回应。当时我认为这是一个简单的练习，只不过是在一个小花园里种植一些植物而已，然而实际上并非如此简单。我们在不知不觉中开始了一段会从本质上改变我教学方法的旅程。我们在尝试儿童自发的体验式学习，并且在多个层面上获得启发。

以下就是孩子们的故事：

孩子来牵头

在成功建立一小块种植了西红柿和草莓的田地后，我同意了孩子们扩大花园并种植一些果树的计划。我帮助他们在板结的土壤里挖坑，他们则将树种下、做好覆盖、为小树起名字并保证会照顾好它们。

我同意花园里有稻草人和小水塘，那样会看上去很漂亮。然而，在花园里养鸡则是一个很大胆的决定，这超出了我的技能范围，但我们还是让它运转起来了。接下来有个小男孩设计了灌溉系统，并组织他的小伙伴们完成了安装（我在这个活动中安插了几堂数学课）。女孩们想到在花园边界的一堵墙上画壁画，画的内容是关于花园的功能并展示了它的名字。花园的名字就叫作"食物森林"（The Food Forest），用于种植可以吃的植物。

其他孩子会来食物森林参观和玩耍，我班上的孩子设立了参观者规则。我们提醒孩子们要欢迎每一位来访者，而他们也确实是这样做的。这些活动最终都会帮助孩子们建立良好的主人翁意识，而这正预示着花园的成功。

孩子们还开展了每周一次的社团例会来汇报花园的进展，并做出关于新想法的决定。一旦一个建议在会上得到同意，接下来我的任务就是寻找其与课程的连接之处，令我意外的是这并不难。举个例子，运作抽奖活动来筹集资金购买更多的植物，就是一个教授盈亏概念、金钱计算和概率知识的机会。还有一次，他们预订了3立方米的土壤，在随后关于"体积"的学习中，他们正巧有机会看到真实的数量。真实世界的课程就在那里，而不仅仅是数学课。课程设置中的所有科目都和花园有关系，这意味着课程规划从来就不是件容易的事儿。

一年过去了，校园食物森林扩展到1000平方米。孩子们开展了一天的田野日活动来展示他们的成就。这是孩子们写报告、练习说话技能以及学习如何举办活动的好时机；也是我回顾这一年的经历的时候。

食物森林的启示

孩子们的食物森林给予了我很多层面的启发。我看到孩子们在一个逐步建设完善的场所里努力劳作；在一个他们自己设计的项目上使用他们学到的技能通力合作。这就是他们的探索发现之路。

我也努力做到最好。我让孩子们自己牵头，而我们都喜欢这样的方式。每日计划成为了一个轻松顺畅的共同努力的结果，这是独自工作无法获得的。我们在花园中工作，但更多的是在教室里学习，而课程的内容则由花园的需求来体现。

孩子们完全投入到学习过程当中，社区成员自豪地看着这一切。项目的最后我们因自己的努力而心满意足，其中特别满意的是一个在常规课堂中不算成功的孩子，在这里绽放了自己的才能。

我们证明了一个简单花园的力量：它能成功地用于教学，将学习者置于课程的中心，在一个他们可以投入自己所有才能（肢体、智力及情绪）来塑造的地方。通过亲身实践式学习的经历，孩子们在期末考试之外的一些事情上找到了成功。他们掌控了自己的学习、自己的学校生活并展示了他们与老师合作完成任务的能力。

对于我个人来说这也是一个可喜的结果，在我退休之前，在儿童食物森林的这几年里，我从未对任何事物如此满意。

不仅仅是花园

花园是众多可以建设为儿童体验式学习区域的场所之一。

成功的秘诀在于授权给孩子，而不仅仅是做环境布置。对于这种学习模式，花园堪称完美，还会有其他相应的设施来启发孩子和老师。

接下来读一读珍妮特的故事，看看她是如何被启发的。

Part II

珍妮特·米林顿

背景介绍：我的学校花园经验

我与学校花园有一段长期而愉快的职业联系。我的第一所学校是在大都市悉尼西南部的"匹克尼克普安小学"（Picnic Point Primary），这是一座非常新的学校，当我到达那里时校园的活动场地非常稀少。回到1970年，我和我的上司、代理人、导师和亲爱的朋友哈里·哈尔平（Harry Halpin）只要一有机会就和孩子们待在花园里。我过去常常在我的老R4[1]车里准备好满满当当的工具，男孩子们会把它们一把拽出来，当操场太湿而不适合做游戏的时候，我们就会在上课之前、午餐时间或体育日去花园。这些美好的时光总是让我惊奇：那些在教室里困难重重的孩子，却是花园里最棒的人。

在那些日子里，古道尔联盟（Gould League）一直是环境保护界的明星，校方需要有一位老师和联盟保持联络。于是借此机会，我找到了工作，成为一名新老师，同时须要提高自己的重要性。我觉得校方认为基于我先前的环保履历，至少不会对校园环境造成破坏。如此，我的校园环境行动主义就这么开始了，我深爱此道，孩子们也喜欢这样，而且由我发起或者修缮的花园，大部分至今犹存。

在匹克尼克普安小学，我们在四合院里建立了小花园，我们在后面的小围场里种树遮阴，我最大的成就就是建立了学校森林。建筑物之间有棵很大的树，我与男孩们和一些家长着手清理了入侵植物，然后我在没有任何植物学知识的情况下，自己识别和标记了全部的乡土树种。

在那个时候，艾伦·斯特罗姆（Allen Strom）正打算树立声誉，成为校园环境顾问，于是我打电话邀请他来我们这儿帮忙识别树木。艾伦穿着他的大黑胶鞋和他钟爱的绿色毛衣，在出场时非常显眼。他不停地走来走去，我顺从地记录下来植物的学名和常用名。艾伦和我们一样对保留大树的举动颇为感动。

森林对我们而言意味着很多，在1973年的一天我被触动了。非常沮丧的吉米带着用鞋盒子装着的死去的金丝雀宠物来到学校，他把它埋在我们的小森林里。我们举行了葬礼，女孩们摘来鲜花，男孩们帮助吉米写了一篇悼词给这只可怜的小鸟。我们在午餐时间完成了这些，一切看起来都很好，直到放学后我在树林里看到吉米把小鸟挖了出来。当我问他在做什么时，他解释说，一切都好了，他要把它带回家，等到明天早上再把它带回来。我意识到他不明白死亡意味着终结，也不知道腐烂分解的过程将如何进行。

许多类似的事情发生在我22年的小学教师生涯中，这只是其中之一，它也是我第一次真正回望童年的信仰。它让我回想起当年我不知道死亡就是生命的相对面；当年我不理解这个过程会发生在任何事和任何人身上。我想追溯我当年是如何了解到死亡的，为什么那并非惨痛的一课，我还回想起与我父亲同在花园里的每一天：所有对于现实世界和事物的发现与讨论，观察季节的变换，从花园获取食物，与街坊邻居分享这些食物，这些都是生活中的重要功课，而这些在花园里很容易学到。

所以花园在我生命中占有一席之地。如果要在课程、时间、计划、准备和后勤的压力之下来应付花园工作，这意味着我还没有将它们发挥到极致。现在，我相信花园比以往更加重要，所以我在从事校园设计、花园展示与维护的工作，并将这些整合到室内学习中去。

在过去三年我已经写下了老师们向我提出的所有问题的答案。我通过建造花园，整理出了一份开展花园项目的手把手教程。

我有全年度和假期的花园维护解决方式。我最喜欢的章节是我们能将教室内的学习与花园联系起来。我的教学单元模块让课程编排变得很容易，并展示了与花园相关学习的全部潜力。

希望我的工作对你有所帮助，并获得和我一样的花园教学的愉悦与满足感。

如何启动一个学校花园项目

为了让学校花园或者探索式学习设施得到最好的效果，规划应该在开始动工建设之前做好。

建立一个花园并不是件难事。如果有合适的资源与帮助，不到一天就可以建好。真正的挑战是建立某种机制，使得花园能被充分利用并得到妥善维护。事实上，学校花园越多地融入学校的教学计划，就会获得越多的维护机会。

一个拥有良好设计的成功花园会有更多机会被使用，所以设计过程一定要提早开始。花园必须成为一个成功的、有生产力且美观的地方，无须耗费大量资源即可轻松维护，必须与学校内所有的学习活动领域紧密联系。所以不是从学校的物理空间开始创建花园，而是从无形的系统和网络着手。

任何教育资源，只有当它与课程和教室里每日的学习生活有联系时才能成为学习的工具。所以在建设之前，这一点必须要让更多学校社区的成员或群体了解到。不论你是在独自做这些事情，还是在与有积极性的团体一起协作，你都须做以下事情：

为花园获得更广泛的支持

创举总是因为有拥护者而得以推行：

🐛 在学校社区中找到一个致力于户外教学的人来推动这件事。

🐛 形成一个支持者的核心小组，并快速培养他们。

🐛 承担学校社区的咨询工作。

分享所有的信息和技能。

一旦想法获得支持，就可与老师们展开讨论了。对于那些已经在提供户外学习机会的学校，这是一个将他们的老师拉进来谈论户外教学对学校的益处的好时机。

老师们总是很担心准备的负担以及新方法会浪费教学时间。所以看到真正的工作实例是快速跟进这个过程的最佳途径。

学校校长或相关负责人经常担心一旦在某件事情上投入人力和财政资源，将来的持续维护就可能成为问题。所以同样要展示给他们一些真实的工作案例，并且让从花园中获益的老师们现身说法。

以下是克莱尔·考克斯（Claire Cox）在接受一个关于学校花园的奖项时发表的演讲片段，她是昆士兰阳光海岸的棕榈树州立学校（Palmwoods State School）的学校社区参与者。

在学校的朴门永续花园里与孩子们一起劳作是件能赋予人诸多启迪的事情……

我之前以为让孩子们投入到缓慢、安静的有机蔬菜花园世界里是件很困难的事情。我以为如果事情没有很快产生效果，他们就会感觉无聊和不安分。我在开始这趟旅程前长长地吸了一口气，告诉自己我会格外耐心，这样他们最终会学到一些东西，即使只是出于礼貌，对前来帮忙的志愿者表示尊敬。

然而，我很高兴地发现，这些念头都是错误的。考虑到这是一个实实在在的新项目并且有着拭目以待的承诺，我的紧张和缺乏自信与孩子们强烈的兴趣和热情很不匹配。

在学校环境当中，花园的真实性是朴门蔬菜花园有效性的最终决定因子。现在许多孩子既没有时间也缺乏指导来学习与自然相关的知识，或意识到大自然系统运转的奥秘。

一个设计良好的学校花园项目，能让那些出现在教室、网站和书本当中关于我们的环境、健康和社区的常识变得可见。孩子们能感觉到、闻到、听到、尝到、做到、了解到所有这一切，只要去一趟花园就可一举多得。

每个星期，学生们（和我们）都会惊讶于他们所习得的知识。他们学习关心环境、土壤、水和植物；他们学习回收利用、制作堆肥、构建土壤的营养和健康；他们学习让花园里的无用弃物转化为有用之物。

在短短的几周里，他们学习到有多得数不清的食物可供食用，可以自己吃，也可以分享给其他人，这些美味的食物只需要常规的照顾和规划，就可以种在他们的花园里。而这一切真的发生了！

克莱尔·考克斯

之后，其他利益相关团体可以进行讨论，这些人应当包括P&C[2]（PARENTS AND CITIZENS，家长与公民协会）成员和相关社区团体领袖。一旦你的支援团队形成，你们就可以讨论给予孩子们优先体验的范围。只有到这时，你才可以开始考虑建造一个实体的花园。

引入学生

这大概是让孩子们提出想法的时候了。毕竟真正成功的花园是能够吸引孩子的。所以赋予他们参与权和所有权将保证其高度的兴趣与热情，这有利于推进项目，甚至能让学校社区里对此抱有怀疑态度的人也参与其中。

规划整个学校花园项目

1．在员工大会上提出项目并评估支持水平

✿ 这会让你获得很多有用的信息：可能参与的人员、第一个项目的规模和如何设置阶段性景愿。

2．汇报概念

✿ 向学校和P&C讲述你的想法，并和他们一起将这个想法展示给整个学校社区。

✿ 给学校写新闻简报，或者给家长写信来推进此事。你会为手上的知识和材料数量感到惊讶。

3．让后勤人员加入

✿ 要知道户外几乎是他们的专属领地。许多后勤人员喜欢新鲜的趣事和活动，而另一些则很不情愿交出专属权力。交际手段在这里是很必要的，要对那些在学校里工作过一段时间却常常未受重视的人给予尊重。

如果与后勤人员的合作进展太慢，应该让校长或相关负责人出面说明户外环境作为教育项目的一部分所提供的教育价值，并且推翻一切试图阻碍学校社区进入花园的尝试。

4．设立指导委员会并提交设计简报

✿ 那么你想要什么？现在是时候明确它并着手列出愿望清单了。

从哪里开始？

通常第一个组成部分是香草和蔬菜花园。以此为开端可以从小处做起、收获产品并发掘教育部门的积极性，这会吸引一些项目的资助，通常这些项目用于解决肥胖、健康饮食、节约用水和纪律等问题。正是在这里，在蔬菜园地中，老师和孩子们可以一起学习园艺技能。

香草蔬菜花园的益处：

✿ 创造可供观察的场地。可以观察生长、发育（生命循环）、季节；学习相同目标不同的解决方式、系统性思考、多样性、相互依赖、合作与自然生态位等。

✿ 提供户外活动机会，在其中学习会更切实有效。提供亲身实践体验来平衡课堂活动，照顾到所有学习形式并涉及霍华德·加德纳（Howard Gardner）提出的8个多元智能领域[3]。

✿ 增加体力劳作的机会，增强体质。建立一个坚持一生的园艺兴趣爱好，作为休闲活动或者可能的就业机会。

✿ 提高种植干净、健康食物的意识，支持健康饮食项目。

✿ 通过以孩子为中心、学生主导任务并享有成果的方法来创造成就感，并以此支持格拉瑟的品质校园方法[4]。

保证与课程的连接

良好的愿望和意图不会让学校花园变成一个教学工具。失去了与课堂学习活动和社区的连接，热心的花园建造者会筋疲力尽，他们的成果也会丧失。这个部分将会在后面的章节通过案例来深入讨论。

可能的阻碍及克服之道

一旦与所有的学科都建立了连接，那么识别与预防可能的阻碍就是紧接着要做的事情了。

1. 离开教室

从我观察的许多学校和我自己的教学经历来看，户外教学离开了安全的教室，这造成了绝大多数来自老师的抵制。

解决方案：户外遮蔽处

要想让班级移到有花园的户外，可以提供一处户外学习中心、集散地或遮蔽棚。这样孩子们就可以在课堂任务和花园任务间迁移，在教室的限制和户外的自由间轻松转换。

另一个选择是在教室旁建立一个小花园，或者在走廊中悬挂一些装在篮子里的盆栽。管理户外学习的章节会为这个选择提供详细的内容和支持。

2. 老师对自己的园艺技能和知识不自信

在这一点上，很多老师都对自己从事园艺的知识和能力感到紧张。

解决方案：老师作为协助者

老师只需要比孩子多了解一些就好，比如通过阅读入门书籍、观看操作指南的DVD或者参加工作坊。他们可以承认自己缺乏自信，并邀请有种植香草、蔬菜经验的社区成员或者学生一起做。这些解决方法各有优点，学校在解决这个问题时可以根据自身的特定情况来决定。

3．设计一个花园，并让它运转起来

为花园找到最好的位置是一个因地制宜的决定。老师的专长并不在设计花园、计算成本、发展项目预算、召集帮手、安排运输、归档项目和组织重要里程碑活动庆典这些事情上，而且也没有时间来做这些事情。

解决方案：将项目变成课堂活动，并且借鉴经验

如果有"专家"的帮助，孩子们自己就可以完成许多研究和设计工作。在此时，从教员中或者社区中联系一名朴门从业者，他须做扇形分析和分区规划，并且能考虑到资源和水的收集、储存和引导；他还能满足孩子与教员的需求（见第50页"学校花园和朴门"）。这些专家能引导孩子们完成设计和展示的阶段，甚至达成更多的目标。

下面的事情要在设计计划中考虑到：

◎ 有一个总体规划（工具箱）。

◎ 每次只设计与设置一个户外教学的花园景观元素。

◎ 总是将维护纳入设计系统。

◎ 对于每一个花园景观元素，都要实现将教学体验最大化，随后再考虑开展下一个计划和实施方案。

◎ 让所有的利益相关者参与。

◎ 考虑功能美学，能够运作的事情常常是有吸引力的，有吸引力的事情往往也能够顺利运作。

4．资金短缺

学校每时每刻都有许多项目在实施，也都有预算要求。

解决方案：申请补助金，从小项目开始或分步实施

◎ 如果花园可以用于已经有政府或私人资助的项目当中，那么在初期就可以获得资金。

◎ 在整个设计、建造阶段的任意时间，花园项目都可能会暂停，并在获得资金或支持后再继续开展。

◎ 学校可以在没有资助的情况下开展工作，因为建立一个成功的小花园并不是很贵，并且还能由此引发一些好点子，比如潜在的更为广泛的系统性或者探险式学习的可能性。

5．充分发挥花园的潜力

花园建设通常是从一个或几个感兴趣的老师和参与的班级开始的。即使是一个小花园，其中也蕴含着巨大的学习潜力，如果不在整个学校当中运用会有点可惜。

解决方案：放轻松，老师们会注意到这项工作和它的潜力的

如果这发生得太慢，那么就去为花园的每一项元素寻找更多的与课程的连接，并设置教学单元与之结合。不过，要在花园扩建或遇到另一个挑战之前做这项工作。没有事情会一帆风顺，而这些连接会让花园的发展更稳健。所以从小规模开始做起，设计与其他课程领域紧密关联的教学单元，从而不断巩固花园和好的课程。

6. 带领整个班级到户外的挑战

带领整个班级到户外，都挤在花园的小区域内进行劳作，是会有一些限制的。

解决方案：不是到了花园就一定要从事园艺劳作

其他的教学活动也可以在户外开展，并且在一次户外课中，若干小组可以轮换1次或多次来开展活动。这些活动包括：

◎ 观察性绘画或艺术创作

◎ 默读或者给小组读书

◎ 一些涉及到花园和规划的测量及计算工作

◎ 日志和创意写作

以上活动的场地需要和花园接近，这样孩子们仍然能够得到支持和指导。

户外的遮蔽处、树荫下的座位、一些柔软的草地都是花园的必备设施，这些能让整个班级同时在户外活动。

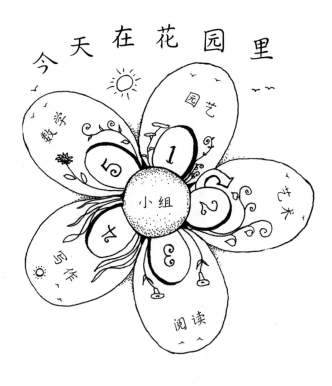

邀请志愿者或同僚的支持则是另一个选择，不过这取决于学校的背景情况。

7. 太多的班级想要同一时间使用花园

当然，花园的需求量会很大，就可能需要与他人共用或扩展范围。

解决方案：使用登记表和增加户外教学的景观元素

轮换周期可以是一节课那么短，也可以是一个学期那么长。每个小组有不同的目标，共用场地登记可以像内部沟通系统和预订系统一样有效。

◎ 拥有一个整体的学校规划则会进一步简化这个流程。

◎ 通过增加景观元素，让孩子们能有机会开展多样的活动，并且（或者）能让整个班级同一时间在户外活动。你将会得到学校花园与社区花园网络的支持，比如学校社区的专家或简单的花园手册。一些教学景观元素在"学校花园与朴门永续设计"这部分中有详细描述，其中包括：

a.蚯蚓农场

b.堆肥区

c.育苗棚

d.温室

e.为容纳更多的植物扩展花园，如南瓜、红薯、木薯

f.各种花园景观元素，如种植床、曼陀罗花园或锁孔花园

g.果园

h.动物系统

i.水上花园或水产区

j.任何用于探险式学习的装置

户外教学项目的支持者

家长和其他社区成员，在建立与维护教学空间以及发展与呈现户外学习的活动当中是非常有价值的参与者。

当一个志愿者意识到各类学习环境的价值，他们通常会乐意贡献自己的时间来支持这个概念。志愿者的角色会随着可贡献的时间、能力和信心而改变。一些人会帮助维护实体资源，而另一些人会帮忙照料孩子们。

如果你是一位志愿者或者你是一位拥有志愿者资源的老师，你会对这个章节感兴趣。

志愿者

志愿者在我们学校扮演着很重要的角色。教学日的许多活动如果没有志愿者的协助就无法进行。学校社区从这些免费的协助中获益颇多，应该尽一切努力来鼓励与支持这些志愿者。

志愿者－助教

这些人包括想要支持学校项目和老师的学生家长、祖父母或者社区成员。在一些学校里，由老师们设计的正在运行的项目会对外发出招募志愿者的支援请求，志愿者则可以响应这些请求。

志愿者助教可以在教室内、远足中或食堂里提供帮助，但是本质上他们协助的是既定项目。学校通常欢迎他们加入一个正在进行的项目，并在最初参加一些类似入职培训的活动。

孩子们对志愿者角色的理解是十分重要的。志愿者是给予和照料的角色，并且展示了我们的文化中的宝贵美德。孩子们不能轻视任何提供帮助的人，老师要培养年轻人这样的意识，并且以身作则尊重志愿者。

当老师对志愿者表示尊重时，他们就在为孩子和到访者树立榜样，老师们获得的信任和尊重就会转移到志愿者身上。如果志愿者没有通过老师或校长获得这种"支持"，就将会经历一段较为困难或者收获较少的时期，直到他们通过自己的努力获得孩子的尊重。这种快速传递信任和尊重的途径不容忽视，因为它加强了学习的机会并增加了志愿者工作的满意度，这是他们仅有的回报并能保证他们还会回来持续服务。

志愿者 – 发起人

志愿者会带着想法、热情或议程有备而来。他们可能希望支持教学活动的某一个方面，比如他们觉得学校没有解决或没有完全解决的方面。他们通常明白老师的时间很有限，因此并不会谴责学校的疏忽，而是为了给孩子们提供更多的机会，愿意贡献出自己的想法和时间。实际上志愿者代表了新的开始，展示了与学校之间的一种舒适健康的关系，他们相信自己的想法会得到采纳和尊重，并成为被更广泛的社区所接纳的一个部分。

近期或者稍早些时候，发起建设许多食物花园的志愿者通常都学习过朴门永续的设计课程，或者是热心的有机种植者，他们有很高的积极性，因为他们要将园艺活动纳入教学范畴，而且供学校里的孩子们所使用。

他们重视老师的支持，但是在许多情况下，志愿者发起人只获得了校长或相关负责人的点头支持。他们的决定就是顺利启动并在项目中增加趣味性，同时希望花园的好处能变得显而易见。

志愿者发起人非常了解课程设置的压力，并意识到工作负荷限制着老师。这意味着老师没有时间和精力规划、传递、评价、评估和汇报学习的体验，也无暇建设和维护户外的学习资源。

如果你的学校正在借助志愿者或者志愿–发起人的服务，以下则是从这种关系中获得最大益处的方法。

寻找双赢的解决方法

志愿者常常准备建立花园并维护它们。即使是在一小块区域，跨众多学科领域的学习也是非常有益的。如果初始的试验地是小的和可恢复的，那么仅有的限制就是教职员工、家长志愿者和课程需求之间的关系了。

许多学校逐渐接受了学校花园的概念，并且发现了其对学校社区各方面的好处。

最常见的校园花园模式是按照这样的经典路线发展起来的：

1. 父母或老师发起的学校花园，在小区域内很成功。

2. 之后，其他家长和老师看到了教学空间的价值，随后扩张花园，在校园中进一步拓展到其他场地。

3. 老师们开始将花园和课程领域连接，然后从中获益颇多，老师们之间开始分享更多的想法。

4. 孩子们在学校里取得进步，老师们探索户外教学的更多好处，并开始规划与记录。这样即便老师更换，花园也能持续下去。

5. 花园变成社区的焦点，在学校里超越园艺活动的互动与创新项目开始出现。

6. 孩子在教室的限制之外获得了必要的学习

反馈。同时老师们也在设计和利用更多的户外探索式学习的设施。

当我们鼓励孩子们在教室的篱墙外学习时，就会发生许多事情：我们会很容易获得志愿者的能量和支持，而他们正是社区最有价值的资源，所以鼓励他们加入你们的学校花园吧！

如何招募并留住志愿者

志愿者做学校的支持者可以是几个月或很多年。你所在学校的孩子家长会陪伴小孩在学校度过7～15年。甚至我知道有位家长在孩子毕业后还在持续做志愿者。通过提供多种多样的学习体验，为志愿者参加学校活动创造机会。家长志愿者也可以根据自己的空闲时间、家庭状况、兴趣、技能和经验水平在志愿活动中适当调整所承担的义务。

在过去，我也见过非常成功的没有志愿者参与的学校项目。但现在看来，越来越多的情况是，为了激发出最优的学习潜能，需要小型的学习小组成员。

如果你想要征用志愿者，特别是在花园里，那么这里有些建议，我曾亲见有效：

1．倾听志愿者的想法，并给他们反馈，告诉他们这些想法如何与学校的现实工作相契合。

2．邀请他们参与需要志愿者支持的项目规划研讨会。

3．保证志愿者受到老师和孩子们的礼貌对待与尊重。

4．针对志愿者举办定期的入门培训和成员更新的会议。

5．制作并更新不同项目的手册（志愿者本身也许就可以完成其中大部分工作）。

6．与志愿者庆祝项目中的重要事件。这可以通过多种活动达成，如早茶、午宴、晚宴和巴士旅行。这会保证每个志愿者都感觉自己是重要团队中有价值的一员。

7．邀请本地有经验的园丁开展环境工作坊。志愿者喜欢学习，如果他们能够将知识或一些花园产出带回家，他们就会更愿意在此工作。

户外教学管理

对于想让孩子们参与户外学习体验的老师来说，户外空间的课堂管理才是眼下最为显著的教学挑战。

为什么我们要管理户外教学？孩子们在户外的玩耍与学习不是很自然的吗？

人类和环境之间的关系已经发生了重大的变化，尤其是在过去的50年里。甚至从白人在澳大利亚定居开始，环境就被视为是敌对的、充满危险的和极端气候的。

一直都有群体和个人在接受着我们广袤土地上的挑战，因为他们生于这片土地并深爱着它。传统的原住民给予了我们很好的案例，他们获得知识和技能与自然合作而非对抗，但是欧洲定居者的惯常目标则是控制与战胜环境，人们需求的产品是其文化预期的映射，所以在欧洲定居者的历史早期，他们不断尝试让环境看起来和表现得像"故乡"。

我们用篱笆、道路和铁轨切分了大地，打断了自然的流动。我们假定此处土壤的形成和其他大陆一样，所以也可以用同样的方式耕作生产。这些错误的假设导致我们的环境缓慢恶化，并让人们逐渐从内部原野迁入不断扩张的海岸城镇。

随着后院的日益减少，今天的很多孩子认为环境就是从家到目的地之间穿梭途经的无关紧要的东西，而生活中"真实的"事情是在"目的地"完成的，比如在教室里学习、在运动场玩耍、在混凝土泳池里游泳或在商场里购物。

随着城市的发展，自然区域缩小，对于孩子们来说户外自然环境的可达性越来越低，因此即便是度周末也需要周详的规划并与父母同游。然而，随着父母的工作压力增大，短期休假困难重重，同时燃料价格上升，导致大多数家庭通常会选择花更多的时间和金钱待在家里。所以大屏幕电视成为了通往世界的窗口，计算机的虚拟世界取代了真实自然世界中的互动。

带孩子去户外是否是一个没必要的冒险？

我们通过调整建筑环境来适应快节奏的现代生活方式。大多数铺装是规整或平坦的，台阶尺寸是规定的标准大小和高度，任何粗糙的部分都可能导致投诉因而都变得平滑，城市中的植物也经过挑选，出于对人类安全的考虑而得到修饰改良。在这样一个受控的环境里，即便在户外也意味着，年幼的孩童和大孩子们都没有机会发展一些重要的技能，如锻炼踝关节的力量，也没有机会学习如何选择路径来穿越不规则地面，简而言之，孩子们缺乏在自然世界通行时不被绊倒或不摔伤的技能。

孩子们在受控的环境下长大，缺乏对户外环境危险性的理解，比如树枝、石头或其他自然平面的承载力。他们会把建筑环境的法则带到户外，但是那里的结构并不规律，并遵循着未被探索或不熟知的自然法则。逐渐地，当这些技能和力量发育不足

时，任何失误都会导致损伤。柔弱的脚踝扭到或受伤，跌倒后引发震惊，随之而来的是，看护者和规划者又会进一步让环境变得更加"安全"。而这一切都是在"减少风险"的名义下进行的。

不平坦的地面是新水平的游乐场吗？

遗憾的是，在孩子们的骨骼年轻并能快速修复的阶段，在他们开始发育肌肉和理解自然物的材质与习性的阶段，如果我们没有给他们提供场地来体验自然世界，那么实际上在之后的年月中更容易把孩子们推向更危险的境地，同时在不断弱化他们欣赏与尊重自然的潜质。

许多教育者都认为"孩子们在自然界中是危险的"。甚至在20年前，如果孩子没有发展自然技能或理解自然的能力，也被认为是理所当然的事情。有一些孩子因为家庭影响而对户外环境有所嫌隙，这也要归咎于某些教育者，因为这些孩子的长辈早

年在学校所受的教育已经渗透给他们一些信息，贬低了在户外学习的价值和可能性。因此，从一开始就带孩子在户外学习，并持续贯穿整个学校教育时期是十分重要的。

在教室学习和户外学习之间建立有教育意义的连接是可能的，对于容易专注于室外任务的孩子，这样会对他们的学习大有促进。

有时在同一群体中，有的孩子通晓在自然中工作的知识和技能，有的孩子则有种被"释放"到户外，可以"自由野玩儿"的感觉，所导致的典型结果就是，他们会跑到最显眼的物理边界或者爬到最近的一棵树上。所以连同这些孩子一起，老师还需要满足那些对自然有很好的了解，并珍惜在户外互动、观察和学习的机会的孩子们。

这需要满足个体差异，而对于教育者来说差异分组的方法并不新鲜。我们预计这种方法将跨越所有学习领域，在不同的年龄段出现，并且以不同的等级分组。

我们一直期望孩子们能够在自然环境中表现得"像个孩子一样"，有天生的灵活性、柔韧性和热情。然而，今天我们再也不能做这样的假设了，因为现实并非如此。

准备好、稳住、去户外！
我们准备好了吗？

把孩子们从课桌后带到有意义的户外活动中去，老师需要细心地看管好他们。把他们从物理空间的约束中解放出来，来到前所未有的广阔空间

中，这可能会扩展学生的行为约束的责任及其学习内容的范围。这也有助于将对学习任务与学习方法的掌控从老师手中转移到了学生那里。

在教室里，我们为孩子设立了边界和清晰的目标。一旦部分或全部班级来到教室的墙外，角色和责任就开始转换。在规范教育的时代，许多教学风格、方法和教育学，不管在什么哲学或教育学的潮流下，都让大家相信教室是学习的主要场所。自从工业革命以来，已经有许多学校认为他们自己的校园和教室是唯一的学习场所。

以前，校园仅仅被看作建筑物的堆积以及孩子们想要逃离的地方。对于我们的上一代人，他们的童年时期在户外当中学习或者了解关于户外自然现象的需求不那么强烈，因为他们的课余时间就是在大自然当中度过的。但现在不是这样了，许多孩子在现代社会几乎很少与他们的环境真实接触。他们可能会跑过、路过这些环境，但是没有研究、观察、寻找、养育或修复过土地上的事物；他们无法倾听自然的呼唤，读懂云彩或小鸟预示的天气；他们很难发现季节的变迁，也很难了解每个季节可以吃到什么样的食物；他们会在奇怪的、痒痒的或者滑滑的事物面前畏缩；除了那些有着美丽毛皮的动物，他们无从知晓大自然对于我们生活的贡献。

一旦来到教室外，因为孩子们缺乏关于地方和深层文化信仰的知识，会引发"笼鸟"反应，所有的社会契约不复存在。在门内是老师说了算，在门外则是孩子们的地盘。被我们带到户外的许多孩子会处于严重的危险之中，因为他们不知道自然的规律，很容易受到伤害。我们可以在我们的游泳池设置栅栏，但在大自然中这是非常困难的。

我们如何保证孩子们知道并理解自然规律？

作为教育者，我们需要引导孩子们更广泛地理解户外与户外活动。现在孩子们预期的自然知识和自然过程，与真实世界之间的鸿沟越来越明显。

当下我们正迎来一个时期，新的课程设置要求学习与真实的经历更加相关，以此让学生们能投入到学习当中去，同时给予了我们机会和动力来着手进行新的户外探索式教学。

问题会转化为解决方案吗？

我们现在需要突出校园空间的潜力，在这里完全可以开展有价值的教学活动，不仅仅是关于自然和种植，还有团队合作和观察、系统思考和工作满意度、与支持我们所有人的自然元素间的关系，以及比最新的电脑游戏更真实与持久的乐趣和神奇。

校园景观元素的互动能解决越来越多的儿童肥胖和抑郁问题。参与学校蔬菜园地可以养成健康的饮食习惯，习得自力更生的能力。户外学习活动展示了可持续发展的可能性，为一个更美好的世界尽一份力，这样即便我们所获得的能源日益减少，未来的公民也可以改善他们的生活质量。除此之外，探索式教学空间可以在一个或多个领域激发研究学习的兴趣或热情，甚至可能会让对课堂学习不感兴趣的学生投入其中。

为了做到这些，我们需要逐步拓展教室的物理边界，让孩子到户外去，并且将所有在管理有序的教室当中会发生的良好教学实践原则带到户外。

想象学校当中有5个教学区域。这些区域在空间上从教室到校园最远的边界。但是这些区域并非仅有空间上的关联，它们也描述了教师不同水平程度的指导和监督。所以在室外的第5区，就纯粹是以儿童为中心和主导的，即便这块场地的物理空间就在教室旁边。

如果将孩子的活动和指导监督的力度考虑作为区域划分的依据，那么第1区就是教室。

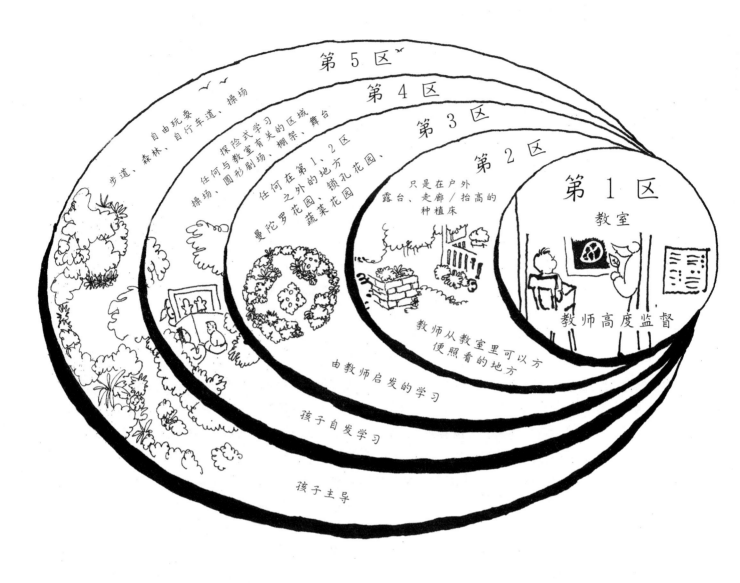

图中文字：

第 5 区
步道、森林、自由玩乐、自行车道、操场

第 4 区
探险式学习
任何与教室有关的区域
操场、圆形剧场、棚架、舞台

第 3 区
任何在第 1、2 区之外的地方
曼陀罗花园、锁孔花园、蔬菜花园

第 2 区
只是在户外
露台、走廊／抬高的种植床

第 1 区
教室

教师高度监督

教师从教室里可以方便照看的地方

由教师启发的学习

孩子自发学习

孩子主导

第 1 区教室

在许多很好的书里，教室管理已经被列为主题，并且在教师培训课上也多有涉及。同样的技巧也可以用于户外课堂，但是课间休息和户外学习之间的区别还是需要让孩子们区分清楚的。

在户外环境中切换到学习状态的用脑模式是一种很棒的能力，这个能力会让学习者受益终身。

一种方法是沿用室内的教学模式，把它转移到户外活动当中。老师们通常觉得这样很顺手，这是他们教学方式的一种自然拓展。可以为孩子们从室内到户外创建一个无缝的过渡。

一份教室管理基础清单

教室管理模型会包括如下几个方面：

课 前

- 已经准备好课程内容

- 已经知晓并理解孩子的能力与行为模式

- 给孩子们以下 10 条提醒

1.活动场地的边界

教师需要明确一项任务中什么样的运动是合宜的，孩子们在物理空间中能走多远。教师如果有能力让这些运动更为多样化，就会减轻单调的感觉，同时允许引入一些活动来促进人群的流动。

2.时间限制

必须让孩子们预先知道这些活动会持续多长时间。

3.明确任务

孩子们必须知道活动的结果或产出，以及获得想要的结果所经历的步骤和所需要的工具。通常老师会展示一个样板，演示操作过程，给出一系列指导说明或者已经练习过的一些操作步骤。

4.责任感

提醒孩子们有礼貌地活动是他们的责任，不可以打扰屋子里或者隔壁房间里的其他学习者。还要要求他们对活动场地和工具负起责任来，确保打扫干净场地并将物品放回正确的位置。

5.风险评估

要向孩子指出各种危险的地方。在教室中通常是指使用剪刀、注意电线或者湿滑地面等。潜在的风险要最小化、消除或者受到密切监督。

6.指出任务可能涉及的特别挑战

这可以是阻止错误发生的小贴士、警告或者信息。

7.后果

在一个管理良好的课堂里，要让所有的参与者都知道他们行为的后果，以及用什么样的行为方式来完成活动。这些内容通常大家都知道，只需要在特殊场合或者当标准未达到时重申即可。

8.当任务变得太困难或不确定性很强时要怎么办

当学员被问及他们是否有不确定的内容或困惑之处时，就会涉及这个问题。在教室的时候，可以举手提问、去找老师或者转移到老师正在指导的那一组去。在室外，通过与一个熟悉的老师合作处理这些突发事件通常会更顺畅，只需要偶尔变化或重申一下。

9.在完成一个任务时要做些什么

在开始前就要想到结束的情况。学员如何确认任务已经完成？在等待其他人赶上的时候，完成的人要做些什么事？在时间截止时还没完成又会发生什么？

10.给学生反馈

在任务过程中或者完成时都可以给予学员反馈，但重要的是尽快让他们知道他们在正确的轨道上。当发现错误时要及时纠正，从而避免错误的反馈被习得接纳而重蹈覆辙。

课堂跟踪

老师掌控的另外两样东西会也影响课堂管理，这就是评估与评价，是管理环节中不可或缺的一部分。

评　估

评估在教学手册中有完整的内容（参看第四部分的内容），这里只简单介绍一下，是为了提醒大家在户外工作时这部分要如同室内教学时一样认真严肃地对待。我们需要能够评估学生的能力水平，但更多的情况是，我们需要同时评估多个核心能力。这些能力有的是组织技能，有的是遵循指令的能力，还有团队协作能力，等等。

准备好一些清单表格，这样在活动中可以轻松勾选，以帮助判断哪些学生达到了合适的标准或者特定的基准线，而哪些学生还尚未达标。

在许多例子当中，活动及其成果也是评估工具。完成观察清单或一些任务单，也可以成为一种测试或评估。

评　价

如果没有对于教学活动（包括活动的灵活性、有效性以及学生学习能力提高的情况）的严格评价，我们就无从进一步设计和计划成功的活动了。

认真检视什么有用、什么没用，倾听孩子们的建议，并且了解其他关键学习领域的交融，会很好地辅助未来设计更高效的学习体验。

我们什么时候可以拓展教室的物理边界？

一旦物理边界扩展，内部管理所存在的问题也会跟着放大。

如果所有的管理准则还没在教室内奏效，就不要独自带团队到户外去。任何管理因素上一个小小的缺陷就会让课程失败，并且造成抵触户外学习的心理反应。

将课程搬到户外还有哪些好处？

我们在未来会面对能源挑战，所以需要保证孩子们在没有空调时也能感到舒适。而在户外教室，如在树荫下凉爽有清风的场地，就足以为学习活动提供愉悦的条件。相反，在现代化的教室里，炎热天气中的日光灯、塑料家具、乙烯基地板或合成地毯所含的化学物质释放出的气体会影响健康和大脑功能。

第2区

第2区是临近教室的区域，这里方便老师从教室内观望照看，也给孩子们提供了享受户外空间的机会，同时还能使孩子们保持室内活动的行为修养。

许多现代教室设计会考虑这些空间。蒙特梭利学校常常会需要这样的空间。教室门一打开就能直通一个小院子来安静地阅读、沉思或观察。

团队活动可以在这里开展，或者教师助理能在此远离集体以帮助有特殊需求的儿童。老的学校通常有走廊空间或者紧邻教室的户外区域，可以发挥同样的作用。或许这些空间已经成为下课放松和做游戏的区域，但是仍可以带着整个班级来完成某项特殊的任务。这是一个将教室管理原则用于户外的绝佳练习场所。

我们可以逐渐拓展物理边界，同时仍然坚持约束学生在学习环境中要行为得体。这个区域也是一个"安全岛"，孩子们对这里很熟悉，危险因子也已经解释过或提前处理掉了。

当设计整个群体的户外学习体验时，确保它们是有意义的且与儿童有关的。户外学习应该包含有趣的元素，提供多样化的校园生活，并且要让孩子们觉得这是教室学习的自然延展。

在早期阶段，户外活动可能会有较少的跟进工作，记录或讨论需要回到教室里完成。关键是户外工作是有启发性的并能提高室内学习体验的质量。

在第2区可以做如下一些类型的工作：

- 利用受到控制和处理过的花园景观元素来开展实验
- 设置测量装置，如雨量计或温度计
- 观察绘画
- 收集种子
- 种植药草或者创建一个小规模的蔬菜花园
- 各种测量或计算活动
- 默读
- 结伴或者小组阅读

不仅你自己可以创造多样性，孩子们也能获得重要的技能，将自己的行为和价值观从一个环境转移延续到另一个环境之中。借由这种技能，他们才有能力去深入探索更大的学习空间。

如果有些孩子没有准备好呢？

老师和家长的帮助是必不可少的，如果老师感觉孩子们认为这种转变比较难适应，在第2区这个临近教室的区域总有机会收拾东西再回到教室中去。要让孩子们知道他们总有一条退路。但是要留意那些导致"返回教室"这一结果的行为模式，在讲述这些行为时不要强化它们。

在户外时要记住这一点，孩子们不会长时间注意同一个方向。他们会被新环境所吸引，他们知道并不是每一个人都会被你关注到，你的声音在室外传递得也不是很顺畅。为了克服这一点，你可能需要一个易辨识的视觉或听觉的信号来发号施令。

在准备好一个孩子们可以毫无疑问地立刻响应的信号前，不要把他们带出去。你可能至少需要一个"停下来听讲"和一个"集合"的信号。

在你出去探索前，这种即时响应可以在体育课上或者甚至在屋子里进行尝试和测试。其目的不是训练一群听话的小狗，而是确保一旦团体在开阔的环境中分散开来，可以在需要的时候召集他们回到你的身边。这是出于安全、天气条件变化、明确指令或者时间结束的需求。

第2区处于教室的视线范围内，在这里可以完成学科课程的延伸，是最佳的试水场地。当你确定你的课程任务已经可以在第2区安全高效地运作，那么是时候迁移到第3区去活动了。

第3区

第3区是在第1区和第2区之外的校园空间，是由老师设计用来指导学生学习的空间。

在这里，物理边界显著拓展，你可能接近甚至就处于平时作为休闲区的地方。这个地点现在有潜力推进已经习得的"让我们一起玩儿"的反应。在没有减少冒险性与趣味性的前提下，老师必须管理好活动，让孩子们的大脑在游戏环境中进入学习状态。

在活动前和活动进行中强调所有的教室管理原则，对于活动的成功是至关重要的。

在第3区推荐的活动：

- 阅读或聆听一个故事
- 准备、种植并维护花园
- 育苗
- 播种与收获种子
- 观察

- 分类与标记
- 绘画
- 庆祝
- 监测环境

当孩子们凭借自己的能力可以完全地执行第3区内的工作流程时，他们就可以进入第4区了。

第4区

第4区是学校用于学生观察、探索或与真实的自然世界互动的区域，这些活动通常是由学生选择和设计的课堂任务。

第4区是一处以学生为主体的自我引导学习的地方。

在设计良好的学校管理范围内，应该有许多不同的机会可以让孩子们通过自己的好奇心、技能和想象力探索真实的世界，并能参与到探索式学习当中。

当孩子们进一步熟悉户外环境的使用时，他们会开始将它与教室内的课程联系起来，他们会开始尝试一些活动或要求验证某个假设。

第4区的课程对有实践的学习者将变得越来越有意义，并且会成为课堂学习的自然延伸，而不是生硬的户外活动。

在第4区，老师支持学生自己选择学习内容，并监控他们的安全或行为问题。就像在之前的区域，课程必须与所有的管理原则相符一样。而这种以学生为中心的学习活动必须进行充分的准备和监管，就像在前述区域内一样。

第4区虽然是孩子自我引导的学习，但是老师需要用方法论、工具并整合视觉成果来支持他们。不论孩子是从一个疑问还是一个想要的成果或其他东西开始，如果有必要的话，老师都可以通过一些建议性活动或成果来引导孩子。

就像我们之前讨论过，孩子们参与这一重要学习活动的机会变得越来越少，因为城镇的发展，也因为来自其他个人或社会团体的危险越来越多，所以更多的时间被用于有组织的娱乐活动，教育成果则更多地用数值来衡量。

只有当我们将症状与潜在的问题联系起来，我们才能感觉到在儿童发展中失去这一重要因素的影响。

那么这些症状是什么？

教育工作者意识到越来越多的学生出现了以前的儿童很少见的情况，如脱离学校和中断学习、注意力跨度缩短和缺乏专注力、不断增加的侵略性（欺负其他同学和老师）、不恰当的行为、抑郁、肥胖、压力及其他不平衡的指标。

这些问题的根本是否因为疏远了自然和真实世界？

某种程度上说，所有上述症状都能被解决，只要儿童可以在现实世界中运用这些知识和技能，并在与他们的生活有联系的、经过选择和设计的情境之中学习。

我们能预见社会行为改变的结果吗？

现在课外时间的度过方式与我们那代人甚至与现在已经成年的我的孩子的儿时都非常不同。造成不同的原因有很多，如孩子们的自由时间变少了，与环境互动变少了，甚至与小伙伴"讨论和计划游戏要怎么玩"这样的互动时间都变少了。

换个方式说，他们很少有机会将教室所学的技能付诸实践，或者运用在学校习得的技能和知识来挑战自己，也难以在想象或游戏的世界中识别那些会让他们在有形的世界里获得成功的技能。

"学习世界"与"现实学校世界"之间的鸿沟通常可以用一些话语体现出来，比如"我为什么要知道这个"、"我不需要知道那个"或者最常见的表达"这个太无聊了"。这些都是孩子对于他们不感兴趣的活动的评价。

　　我们是否低估了虚拟世界对孩子的巨大影响？

　　电脑游戏允许玩家以愉悦的方式，而不是现实世界中具有限制性与因果性的方式，与时间、空间及他人互动。在虚拟游戏时间允许使用超级能力，并且让人感觉从物理限制中释放出来。飞檐走壁成为可能，飞速前进也可达成，并且不用为其他玩家考虑太多。在游戏里可以攻击或者猎杀其他玩家而不用考虑公平或怜悯，因为他们还会在下轮游戏中回来。这样一来，儿童抑郁的发生率不断升级也就不足为奇了，因为相比之下真实世界看上去很令人失望，而且与在学校所学的东西严重脱节。失望会带来愤怒，我们看到欺凌、暴力甚至谋杀的事件在我们的学习机构中不断增加。

第4区的推荐活动：

☽ 观察

☽ 通过绘画、照片、视频和文字做记录

☽ 开展小小的研究项目并设置试验区和对照区

☽ 设计与种植一个小花圃

☽ 估算并测量距离、结构与植物

☽ 测量不同的气象数据

☽ 种子收集与育苗

☽ 为其他同学或者班集体准备演讲和展示

☽ 参与动物护理的各个方面

☽ 进行调查和计算

如果学校希望弥补学习世界与真实世界之间的鸿沟，就需要提供空间和时间让孩子们直接在户外学习。这并不意味着在"重要"学科上减少时间，而是意味着学生们可以全情投入到学习当中，从而拥有更多高质量的学习时间。在启发性的环境中，课程与想象力在健康的游戏中碰撞。

这些把我们带到"玩耍"区域，并让我们理解"在玩中学"的重要概念。

第5区

在第5区孩子们可以"玩耍"和使用任何获准的娱乐空间。只有常规的操场值班老师进行管理。

现代生活抹杀了孩童的诸多机会。其中，在认知能力的发展中最为重要的事情是，孩子们缺失了在相应水平上在现实世界中运用知识的有意义的活动。

遗憾的是，那段让孩子们在自由的、相对安全而又充满刺激的自然场所里自行开展这些活动的平静时光已经一去不复返了。

所以为孩子的发展和学习专门设计场所并提供空间，就变成了学校的另一个责任。

在这个区域老师只需做少量的准备，就可以让这些休闲空间变成有效的教育工具。空间在设计上需要激发一些潜在的用途。这样在上课时探索一个区域，就可能为课间多样化的空间使用提供一些机会。

这里举个例子，一小块平台可以作为展示的舞台。它可以是船上的甲板或北极熊爬上的最后一块海冰。它如何被使用取决于孩子们是在准备校园音乐会，还是刚学完库克船长的航行，或是刚了解全球变暖的影响。另外，它的用途还取决于对事件的感情投入。

根据儿童艺术，这个演出能让我们看到，一个孩子围绕个人关系或全球议题展现出的快乐、恐惧或疑惑。关注这些对话能让老师观察到有待解决的问题的端倪，或者孩子在遇到困难的时候需要得到的支持。

通常戏剧会为孩子打造想象的空间，是身体运动和社会技能的测验田。

第5区的活动推荐：
自由玩耍

不建议在操场上将班级功课和主题与花园教学景观元素相连接。

42

指导性玩耍

有老师指导的玩耍可能源于课堂内容或特定的设计部分。

支持性玩耍

老师通过允许孩子们在户外使用课堂资源来支持孩子们玩耍，如使用音频播放器或穿着特定的服饰。

老师获得洞察力

指导老师可以关注孩子们玩耍的方式、情感的表达和处理问题的能力等。这些知识可以用于设计教学活动，更好地响应孩子们学习和情绪的需求。

那么我们如何评定、评估和汇报户外学习的成果呢？

就如在室内教学一样，上完户外课程之后，对于户外学习的评估和报告等工作随之而来。在一些新的教育指导方针里，只有这样的户外工作提供了机会，来指导和评估学生们的关键学习过程和价值观塑造。

在未来，课程评估将有助于完善学习体验，并启发进一步的课程连接。可靠而确切的评估也将提供一份记录，可以供使用室外空间的其他老师查阅，并体现出开发户外探索学习的更进一步的价值。

在户外，有机会在（与所学知识）真实情境下运用知识，这可以强化孩子们的课堂学习，加深孩子们对学校课程的理解。

那这些意味着什么呢？

通过提供学校花园或者其他户外探索学习，学校会让更多孩子投入到学习过程中，并拥有解决更多学科领域问题的能力。

比起增加老师的责任感和工作量，运用好户外学习空间能够减少行为问题，提高学习效果；减少压力、增进健康；增加社区的连接，并提供运用课堂所学知识和技能的途径。

在尝试让孩子们融入真实世界之前，我们需要引导他们真正地理解户外，有能力在户外活动并与户外元素互动。

在户外教室中孩子们的角色和责任

许多学校有教室、玩耍区和如厕区等区域的行为守则。我们可能需要升级这些守则，说明这些行为守则需要延续至户外空间，并展示在学校花园和户外学习探索设施中延续行为规范的特殊挑战。

孩子们需要明白花园里的户外活动需要增加新规则或者特殊规则。学校可能会选择建立花园行为守则。这些守则包括下列内容，我们认为这些内容对于孩子们的安全和良好的体验是十分重要的。

安全须知

☽ 学习区的边界范围

☽ 停止活动的信号和集合信号

☽ 如何安全地移动和使用工具（尖端朝下）

☽ 如何与他人安全地搭档协作

☽ 如何使用合适的保护性服装，比如穿戴包脚鞋子和帽子

☽ 每一个任务都有合适的工具

☽ 你的身体能力和限制

☽ 花园是一个户外课堂

安全做法

☽ 穿着保护性装备（帽子、手套、包脚鞋子）

☽ 在使用混合土壤、铺干草或者处理堆肥时戴口罩和手套

☽ 与他人合作时要举止合宜且安全

☽ 在天气温暖时要带着水壶去花园

☽ 当他人在工作时，穿过花园小路要小心谨慎

☽ 离开花园前，要归还所有工具

☽ 在花园边界放置木材和石头

☽ 花园活动结束后，清洗双手

☽ 在指定区域活动

☽ 听从老师指令

☽ 随时保持警觉

尊重他人

☽ 与老师合作要有礼貌

☽ 靠近老师或指导员提问题时，用平常说话的音量

☽ 当你进行一项不熟悉的任务或者不确定如何做之前，
要仔细核查情况

☽ 分享工具

☽ 按要求开始下一个任务

☽ 在户外活动中展示团队精神

☽ 与参观的人有礼貌地交谈

最佳学习方式

☽ 仔细观察

☽ 寻找增长或消减的变化

☽ 检查植物和动物的健康状况

☽ 专注于任务

☽ 如果有要求，记录所有的观察或发现

☽ 在小组当中扮演不同的角色

☽ 将教室内的学习技能带到花园里

☽ 将花园里的所学和疑问带回教室当中

学校花园和朴门永续设计：如何建设一个可持续花园

朴门永续设计为学校成功建立花园提供了理想的技术和策略。30多年来，通过在各种气候条件下成千上万次的种植试验，朴门永续设计方法在针对花园土壤板结、零化学制剂使用、通过最小维护获得较好收获等方面给出最佳答案。在学校里，在退化的土壤上种植以及不使用有毒制剂清理杂草和害虫是一个巨大的挑战。随之而来的还有其他问题：在假期会有很长一段时间鲜有人照看或无人照看它们，而水资源紧缺的问题甚至在学校上课期间也一样存在。

生产干净、健康食品的朴门永续原则适用于澳大利亚和世界各地的学校花园。朴门永续基于三个伦理：关爱地球和生物，关爱人类，以及向地球、生物和人类回馈我们的富余产品。

所有决策都基于伦理与原则

这些伦理跨越所有文化和宗教的分歧，并为花园里所有的决策提供了一个伦理基础。这些选择可能关乎在阳台的一个容器里种植作物、收集和储存水、管理原生的灌木丛、圈养和使用动物，或者分配农产品。

不管有什么目的、要求或限制，通过基于伦理做出决策以及基于原则采取行动，朴门永续将给你最好的结果。

现在有两组由朴门永续的两位创始人叙述的原则。第一组来自比尔·莫里森的设计手册。虽然更多的含义是表面文字后的暗喻，但通常所说的比尔提出的原则有12～15条。这些设计原则或指导叙述，能帮助你在设计时达到最佳效果。无论是一个花园，还是地产项目或住宅，这些普适的设计原则可以用于任何情况下，从农业到商业项目甚至人际关系。

第二组的12条原则由大卫·洪葛兰提出，更多是关于在普遍的情况下，为什么或如何设计和行动。它们是关于思考或战略的原则，而不是比尔·莫里森更注重实践的原则。这些普适原则也更清晰，并直接关乎减少对化石燃料的使用和如何消减其燃烧所造成的污染。

比尔·莫里森的原则

1. "足够"是明智的资源利用的关键原则。
2. 与自然协作而非与之抗争。
3. 把问题看做正面资源，或者看到解决方案而非只盯着问题。
4. 让最小的变动产生最大的成效。
5. 一个系统的产量在理论上是没有上限的。
6. 一切皆可成为花园。
7. 一切事物都有其两面性。
8. 用设计来加快演替和进化。
9. 使用相对位置。
10. 每个重要的功能都是由许多元素支撑的。
11. 让每个元素发挥多种功能，或让一切发挥其最高效能。
12. 把粮食生产带回到城市。
13. 帮助人们自力更生。
14. 增加多样性，从而增加稳定性。
15. 合作不是竞争。

大卫·洪葛兰的原则

1. 观察并进行互动。
2. 收集并储存能量。
3. 获取收益。
4. 自我约束并听取意见。
5. 使用并重视再生性能源。
6. 不制造废弃物。
7. 设计要从模式到细节。
8. 整合而非分离。
9. 采取小而慢的解决方案。
10. 使用并重视多样性。
11. 使用边缘并重视边际。
12. 创造性地利用和应对变化。

小学似乎更愿意使用大卫·洪葛兰的原则，因为它们能轻松地在课程中应用。而更为专业的高中则选择使用莫里托尔·森原则，并与系统思维、农业或园艺联系起来。

毫无疑问，两组原则都是关于朴门永续的，并且都不能完全包括另一方。每一位教师都需要根据当前的话题或活动，决定哪一个或哪一些原则更适合，并且选择那些最能帮助孩子们完成手头任务的原则。

一个设计系统

朴门永续是一个设计系统，制定一个校园整体规划并确定设计元素的位置是基本步骤。同时，这些元素的布局方式必须要以最小付出获得最大收益，而且产生最少的废弃物。这个设计过程应该尽可能地包括所有在户外教学中所需的元素。将设计方案中所有被认同的功能列出来并分配位置；然后确定项目的优先顺序，稍晚建设的区域可以为已有的花园种植用于覆盖的植物，或者干脆种植某种地被作物，避免水土流失的同时还能获得收成。

扇形规划

整个学校的设计必须考虑到所有能量收益。扇形规划的第一步要求对所有进入考查场地的能量进行观察。察看日照和温暖区域、寒冷或有破坏性的风、炎热的夏季风和火灾隐患区。考虑噪音、视线和其他任何对场地产生影响的因素。我们的想法是通过布局景观元素，助长有益的能量，而隔离或改善负面影响。此时，水的影响也必须考虑，以确保花园不会被淹没，并且同时确保它们能贮存足够的水来满足丰产的需求。

分区分析

跟随扇形分析，再考虑一下设计系统使用者的能量分布。是人流量大还是鲜有人至，将决定设计元素的大小和位置。分区分析表明，应将经常有人到访的场所放在接近"家"的位置或1区，从1区开始向外拓展的范围由该区的到访人数来决定。

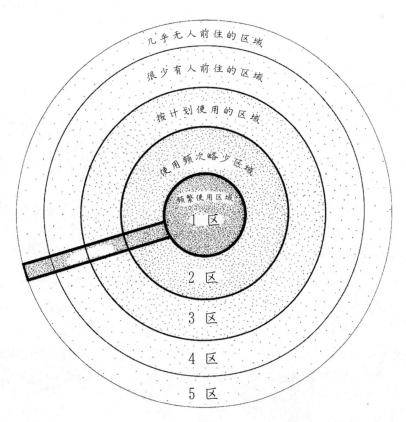

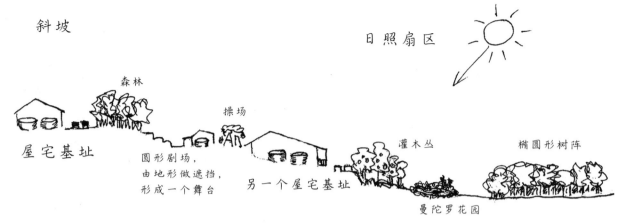

斜坡

日照扇区

森林

操场

屋宅基址

圆形剧场，
由地形做遮挡，
形成一个舞台

另一个屋宅基址

灌木丛

椭圆形树阵

曼陀罗花园

斜坡图示，基于比尔·莫里森《朴门永续设计 II》一书中的理念，第 19 页

较近的分区里设置的是那些需要频繁使用的东西，而较远的区域则是较少有人前往的。在最远的第 5 区，我们几乎不需要在那里开展什么工作，不过我们要去那里观察自然系统，或许会做一些工作来加强它的功能（如生态修复等）。

利用坡地的优势

接下来是规划场地或元素的坡度和坡向。设计者利用坡地的能力直接关系到搜集和储存水的能力。坡地还会影响日照量、风的作用和空气温度。因此，通过了解和运用坡地，我们可以疏导和贮存水分，营造防护林带和储热区（thermal zones.）。甚至一个看似平坦的场地也可能有一些坡度可利用。运用地形改造技术，我们甚至可以创造坡地，这将快速提高场地的生产力或自我修复能力。

增加边缘

利用边缘效应是所有朴门永续设计中的一个重要考虑方面。边缘是指两种不同介质相交的地方，也是生产力最高的地方。为什么所有的增长无论是刻意的或无意的，都发生在道路两旁或水体边缘？这是因为边界的生态位[5]所具有的多样性。道路能汇集水、种子和营养成分，并将它们引导到花园。

道路的热质量[6]（热容）能够储存热能，较低的地形能够让位于边缘的植物也有充足的光照，甚至能接收反射光，同时这里还没有养分竞争；另外，作为一条路，它对植物是毫无所求的。增加边缘还可以增加生长空间和生存生态位。

平坦的土地可以通过营造土丘和沟渠来创造更多的种植空间。这些土丘在小范围内就可以支持多个物种的存活。土丘的不同位置，决定了获得光、风和水的数量，而产生了多样的生态位。这就是为什么一个永续花园应该拥有曲径和小丘，并且可以有种类丰富、相互堆叠的植物，而非一个满足于一种或寥寥几种植物的平坦笔直的种植床。

使用演替

朴门永续还有其他的设计策略，用以减轻工作量并提高生产率。建设学校花园或森林的一个必不可少的考量是演替的设计。利用原生物种和先锋物种[7]将创造适合目标物种的生长条件，并滋养其成长。

即使系统逐步发育生长，但朴门永续设计依然需要一些支持物种，这将有助于目标物种的生长和产出。这些（支持物种）通常是豆科植物，它们能为有产出的植物或树木提供透过枝叶遮挡的柔和的光线、覆盖和氮元素[8]。

这一策略中的一部分是食物森林的种植设计，食物森林能够体现森林中的自然分层。一个森林包括林冠层、林下空间层、灌木层、草本层、地被层、地下根茎类植物和藤蔓植物。这些分层与营养物质和光相互作用，同时提供庇护和支持，使它们（组合）在一起要比独处更为高效。

在较小范围内，我们在蔬菜花园中使用同样的策略，于是在里面种满了不同品种的植物。这通常被称为"伴生作物"或"共荣作物组合"，而这正是花园运用朴门原则的比较明显的迹象之一。花园的覆盖也是对自然生态系统的模拟，它替代了森林地面枯枝落叶的功能——减少蒸发、增加营养成分和保护土壤生物。

至关重要的活性土壤

土壤是活的、有生命的，对此的理解是朴门永续中必不可少的原则。水和养分返回到土壤里，就可以保持高水平的土壤生物区系，从小型细菌和真菌到对植物起到滋养作用的小虫和蠕虫。

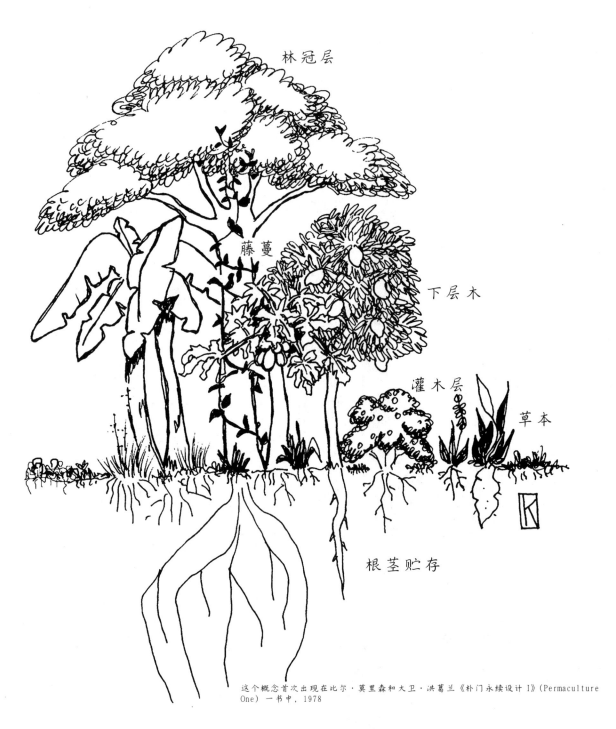

林冠层

藤蔓

下层木

灌木层

草本

根茎贮存

这个概念首次出现在比尔·莫里森和大卫·洪蔓兰《朴门永续设计 I》(Permaculture One) 一书中，1978

不翻耕花园体现了朴门永续对土壤生命的理解，所以这种分层的花园在我们的设计系统里对花园的开发和管理有着重要的作用。高种植床花园，以它们易于接近和维护的优势，成为多项朴门永续原则相结合而获得最佳收益的例子。

系统性思考

永续花园通常有堆肥堆和（或）蚯蚓农场将营养物质返还到系统内，否则当花园收获并运走果实后营养将流失。虽然我们的人体是一个开放系统，需要持续的能量流，但在朴门永续中我们尝试在人类和支持系统之间创建一个封闭系统，这种系统可以回收利用废弃物并循环使用能量、水和营养物质。朴门永续设计使所有的能量持续流动，减少劳作，达到零废弃，由此使得农业和人类文化的永恒成为可能。

朴门永续并不是将自然生态系统改变成食物生产系统，而是强调保持和恢复自然生态系统的必要性，这样它们才能提供必要的生态服务，以维系我们的地球作为一个有效的生命系统。其中一些不可缺少的服务包括空气和水的清洁、过滤和循环；调节炎热、寒冷、暴风雪和大风的影响；提供栖息地和养分循环的基本成分。当然，还会有其他服务，在这一点上，已经超出了我们的认知，我们可能只有在失去它们时才会意识到它们的存在。所以，朴门永续对自然系统及其尚未发现的奇迹怀有深深的敬畏之心。

让朴门永续在学校里工作

学校内的朴门永续花园可以在多个层面展开工作：

- 它们很容易在板结和退化的土地上建立。
- 一旦建立，它们易于维护，不需要任何人工化学物品投入。
- 它们以可持续发展原则为楷模。
- 它们让孩子们有机会与一个正常运作的系统相互影响，并在这个过程中发展系统性思维。
- 许多社区成员知道朴门永续的技术，并能够支持花园中的儿童和工作人员。
- 朴门永续拥有一个全球性的网络，可以联络世界各地的学校。

希望这个关于朴门永续设计打造成功的学校花园的简短介绍，将激发你的进一步探索。有许多相关的优秀书籍，还有积极的朴门永续实践者可以帮助你成就你的花园。

通过运用朴门永续原则，你的菜园、果园、树林或任何探索式教学设施的维护将变得更加容易。因此，最开始就要有良好的设计并使用行之有效的战略，以确保你的学校花园的成功和长久。

花园景观元素

下面的步骤是建设花园景观元素的指导，虽然这些景观元素可以单独存在，但连接起来会更加富有成效并且成为一个很好的样板，以确保更少的劳作和零废弃。如果可能的话，让孩子们在一开始的决策阶段就参与到项目中来将会是一个很好的主意，这样老师充当的就是协助者，而非专家。

不翻耕花园

这是朴门永续系统的一个经典组成部分，它反映了朴门永续的这些理念：

- 与自然协作而非抗衡。
- 维系土壤中的生命，不将土壤翻面并暴露于太阳下。
- 与杂草协作，将它们变成储存土壤丢失养分的动态"蓄电池"。
- 与自然界中森林里枯枝落叶堆积于地异曲同工。

不翻耕花园在学校里是一项有用的技术，因为它们可以：

- 以较小的代价迅速地建成。
- 轻松移除或扩建。
- 持续高产多年，不需要任何硬件基础设施。

一旦花园基址和浇灌方式确定了，就可以开始建造一座分层花园了，这个概念首现于《伊斯特·迪恩的园艺书：不翻耕种植》，随后在许多朴门永续的文献里有很好的描述。

罗宾·克莱菲在她的《拥有你的朴门永续并品尝它》一书中列出了几个步骤，这是给初学者的明确而实际的指导。以下提供的是改编后的版本。

第1步 选择场地。不用担心杂草的数量或活力,因为它们将被割掉成为有营养的覆盖层。

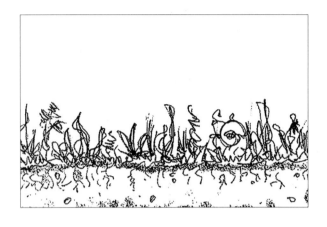

第2步 割草时割得越低越好。向土壤中泼撒任何能让它达到平衡的东西(检查pH值,如果pH偏低就加入石灰;如果土壤过黏就加入石膏,并随时添加粪便、血液、骨头或任何会吸引来蚯蚓的东西)。

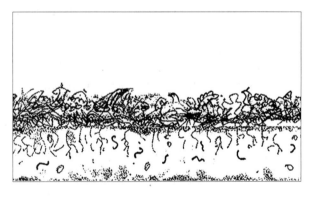

这是营养丰富的一层,将养育土壤中的生命,并将周围土壤中众多的小帮手吸引来。你可以把它作为肥沃的可利用资源。

第3步 这是杂草抑制层。在这个区域盖上厚厚的一层湿报纸(至少有叠好的6张),越顽强的杂草就需要越厚的报纸层;一定要在木本杂草表面堆叠严实,否则很可能被穿孔。如果你想用硬纸板的话,就把它放在报纸或旧的天然纤维织物的下面,切不可将它们放在哪怕只有一丁点儿坡度的道路上,因为它们被打湿的时候会变得很滑。

给这层最后浇一下水。

有些人非常担心印刷品和织物中的墨水和染料。最好不要使用表面光滑的出版物,不过现在大部分油墨都源于植物,并且许多化学物质都会被土壤生物和蚯蚓所分解改变。蚯蚓被用于棕地[9]的清洁,并且可有效地补救石油和汽油泄漏对土壤带来的危害。所以,使用的材料越不可靠,就越需要在这一层中加入更多的蚯蚓吸引物。

如果你所在的学校对使用报纸或纸板存有担忧,那么有一个简单的替代方案,这也是朴门永续实践者使用了几十年的方法——在不便获取报纸或纸板时,使用阔叶植物的叶子,如香蕉、竹芋、棕榈枝,作为抑制杂草的障碍物。只要是厚、能遮光、分解缓慢的东西就可以。我甚至用椰子壳来做这一层。朴门永续的美妙之处就在于,你可以选择易于获取的东西,只要它们符合你所关注的事情或有益健康。

地毯曾被用作杂草的抑制层,但是我会避免使用它,因为生产地毯的过程中免不了在经纱或纬纱中加入了合成纤维。这种材料不会分解,最终会使整个花园遍布这种细纤维束,它们经常被鸟儿误选作鸟巢的建筑材料,从而缠绕巢中幼鸟的双腿,使它们痛苦致残。所以尽量避免使用地毯。但是,如果你一定要用,那么可以将它们铺在刨花下或垫在由小木片铺就的小路下,切记定期翻面,而且当它开始分解时就要将其丢弃。

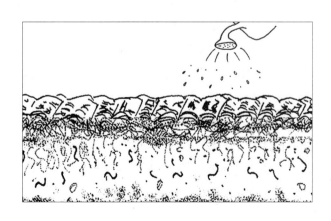

第4步　添加堆肥层（碳/氮营养层）。它可以是任何肥料、干树叶、锯末、稻草或其他任何你会用来制作健康堆肥的东西。该层应有大约5～8厘米厚，堆肥层越深厚、越肥沃，花园就会在今后的很长一段时间内越丰产。你还可以选择在这里添加

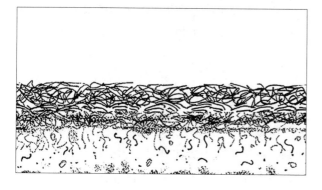

岩石矿物，这将在有生命活力的土壤中提供缓释的矿物质长达几个月甚至几年。

第5步　覆盖层至少应有10厘米厚，最好能有15厘米厚。可以是干草或秸秆、甘蔗或竹叶，它们的加入用以抑制可能自发在花园顶部生长的野草，并为植物及其根系和土壤提供遮荫和庇护。种在种植床周围的植物可以为覆盖层提供支持。边界植物选择有遮阴的物种，形成一个杂草的种子屏障，为内部植物挡风，同时自身提供可被"切碎和丢弃"的材料，直接用于花园。

第6步　浇湿所有的层，而不使它们浸透。你需要水分和氧气来开启这个过程。

第7步　在覆盖层和堆肥层之间填入混合种植基质。这种混合物应能够保持水分，并排水良好。因为你将在土壤和报纸层之上种植，所以一两年内不要捅破报纸层（取决于被覆盖的杂草的活力）。我最爱的种植基质是以黏土为骨料的，这是马克·弗莱（Mark Fry）教给我的——掺入河砂、堆肥、蚯蚓生产的肥料和碎石灰尘就可以了。如果你的土壤已经

是沙壤土，那就需要加一点点黏土。在一桶水中溶解一些黏土，并将这个液体倒入混合物中。

这将有助于将矿物质保存在生长介质中。加入的比例将取决于植物需要的水份和营养以及气候。如果你弄错了比例，很快就会显现出来，因为植物将由于营养不良或土壤过酸烧根而枯萎，所以在大面积种植前，先用少量的植物在种植介质中试种一段时间。

第8步　在覆盖层中打孔，将混合种植基质填入其中。在里面种植植物幼苗或更成熟的植株。最好不要在早春季节尝试在不翻耕花园中从种子开始养育植物。很快你就会发现早先种下的幼苗，现在已经长大并可以自行播种了，你会惊讶于无须耕耘就能得到的繁荣生长。在这个阶段，你只需要在幼苗过密时去间苗就可以了。

第9步 要维护不翻耕花园只须每隔几天花上几分钟的时间即可。在早期，主要任务是关注水是否足够，因为种植位于地面土层之上。随后，堆肥层分解会逐渐下沉，其后的维护是由你的种植策略决定的。在任何时候，花园的某些部分或全部都能用来种植一种覆盖作物，这种作物可以翻入土中，或者可以收获后用于堆肥。或者你可以收割掉所有的作物，添加新的堆肥层、一些蚯蚓以及一层厚厚的覆盖物；也许你会用麻袋或遮阳布覆盖，在炎热的夏天离开花园去享受六个星期的假期，当你在新学年回来时，花园已经准备就绪以待种植了。

高种植床花园、种植环或种植箱花园

高种植床花园在学校中比较有用是因为：

 比起那些必须向下观察的地面花园来说，高种植床花园可以让孩子们尽可能少受他们受限的视野范围的影响（取决于年龄）。在这里他们实际上可以更好地观察花园、其他孩子和老师。

 对老师来说，同时对着一群学生指出高种植床花园中的某一处要更容易，而向下指的时候，只有第一排学生可以看得见。

 在直立的姿势中工作会更简单，并且减轻弯腰工作的负担。

 如果花园被抬起并且轮廓分明，步道会更容易维护。

 路上野草的种子会较少地进入一个抬高的种植床中。

 在假期或者班级轮流使用的间隔，高种植床花园很容易停用。参照不翻耕花园的步骤9，同样的过程可以把高种植床花园变成覆盖作物区或者蚯蚓农场。

 因为高种植床花园在地面之上且排水良好，所以它们可以在潮湿区域或者沼泽地使用。

当伊斯特·迪恩开始为自己生产干净新鲜的有机食物时，她实际上是在旧床和桌子上种植她的不翻耕花园。她生病不能弯腰，抬高式种植床对老年人或者坐轮椅的人来说非常棒。

设置抬高的种植床

依据种植床的高度，你需要考虑如何避免使用最优质的种植土从上到下去填满种植床区域。所以这里有一份详细的步骤指南，告诉你需要考虑什么和做什么。

设计阶段

步骤1 选择场地。需要进行扇形分析和分区规划，花园需要安置在有水源和会被用到的位置，这是需要考虑的一系列问题中最重要的一点。

步骤2 根据使用者的年龄段决定花园的高度，然后测量这些小园丁的臂长。这个长度会决定花园的宽度或者直径。如果种植床只是抬高了20～30厘米，那么花园中可以放一些小块垫脚石，让更小的孩子们可以站在上面扩展他们可以触及的范围。

获取可利用的材料是一个很好的开始，但要确认这些材料达到了食品安全级别。经过处理的木材不是一个好的选择，而且众所周知轮胎会渗出化学成分，所以要远离它们。可以使用一种食品级别的黑色塑料衬垫，但是选择或创造天然材料来储存食物和水则是一个更好的解决办法。

旧的储水箱可以切开做成"种植箱"或"种植环"，而且非常好用，现在甚至专门有商家为此用途生产制造产品。如果使用一个旧的储水箱，那么确保顶部切口边缘由软管包裹保护，或者购买特制的黑色保护胶带固定在上面。你可以从波纹铁箱制造商那里预定一个边缘卷曲的环形种植箱。种植环不需要底盖（环状镂空），但如果利用一个旧的储水箱，则需要确保底部能充分排水并且有昆虫们的通道。

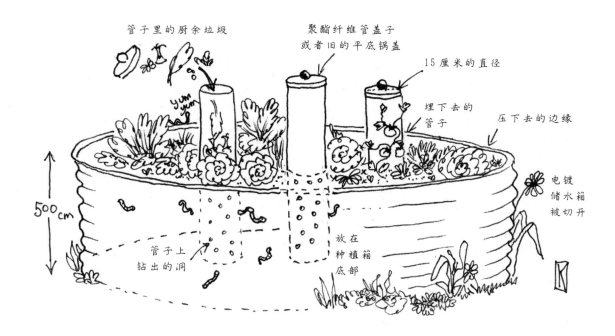

管子里的厨余垃圾

聚酯纤维管盖子
或者旧的平底锅盖

15厘米的直径

埋下去的
管子

压下去的边缘

电镀
储水箱
被切开

500cm

管子上
钻出的洞

放在
种植箱
底部

如果回收的储水箱直径比孩子们的平均臂长要宽，那么可以把一个旧的澡盆放在中心来种植水生植物，它们不需要太多的维护和触及。或者可以在中心放些艺术品，只要它不为花园的背阴面带来太多阴影即可。

未处理过的铁轨枕木是另一个选择，当然也可以利用石块，但是出于安全性的考虑，学校需要决定石块的尺寸。一些学校认为手掌大小的石块没有问题，而另一些学校可能觉得这般大小的石块会引诱孩子们把玩它们，即使只是在开辟花园的初期，在它们还没有被地面植被覆盖之前。任何堆叠的石块都应该用水泥固定好，以免它们在除草或挖土过程中滑落，滚到孩子们的小手小脚上。

对于高种植床花园来说，水是一个限制性因素。所以如果你无法将水引入花园，那么一个下沉式花园会是更好的选择。气候条件限制会影响花园设计，所以在炎热暴露的场地，一个石块或水泥型高种植床要比一个金属的环形种植箱更合适。

一旦位置、大小和材料选好了，接下来要考虑的就是如何建造一个使用寿命长的花园。

建造阶段

步骤3 生锈是环形种植箱最需要考虑的一点。我总是把它们放置在一个砾石基座上，然后从底面填充大概4厘米的砾石层，确保良好的排水性。如果你有一个日照充足的水泥地区域，就要保证金属和水泥不直接接触，因为水泥中的矿物质与金属种植箱之间的化学反应会造成锈蚀。把种植箱抬高放置在黏土铺面层上，在种植箱底部填充大粒的砾石，保证它们不会从种植箱和地面的缝隙之间掉落出来，然后填充一些粒径更小的砾石用来排水。

不论用何种材料建造，排水都是重要的。在一个封闭的容器中种植，会导致酸性（厌氧菌）土壤，不利于土壤生物群和蚯蚓生存，而它们是一个健康多产的花园必备的基本元素。所以在用木材建造时要留下缝隙，在用砖石建造时要留下排水孔。

步骤4 在排水层之上你可以放一层过滤膜，比如杂草垫或者建造工地上防止土壤淤积的纤维垫。它们会保持排水通道不被淤塞，并使土壤保持良好的状态。

如果你想引诱蚯蚓向上爬到你的花园中来，就需要用一些自然材料，比如棉布或亚麻布，这样蚯蚓们就可以找到它们的路径穿越屏障。

步骤5 根据花园种植容器的深度，你需要添加材料填充它，或者在材料中种植。填充材料可以是底层土壤、石块或原木。我的选择是用老的金合欢树干和树枝，因为它们在这里随处可见。它们含有氮元素，将慢慢降解形成花园顶层新的土壤；它们没有令人讨厌的化学残留物或排他性[10]，所以它们不会释放化学元素减缓任何作物的生长，除了它们自己的同类植物。你的"填充物"会逐渐占满排水层和种植层之间的空间。

步骤6 在这一步你需要构建你的种植层，这种情况下，可以应用不翻耕花园的分层建设指南。如果你希望能获得有利条件，就增加一个深厚的种植层。这个种植层类似于上文中为不翻耕花园在顶层铺设的混合种植基质，但是要用更厚的10～12厘米的种植土层。

因为花园是离开地面的，所以在建设早期，你需要确保供给充足的养分和缓慢释放的矿物元素。这些可以通过加入粉碎的石块和借助黏土胶体浇水（在一个喷壶中放黏土团）来实现，添加堆肥腐殖质，或者可以应用海藻提取物[11]。

借助糖蜜[12]浇灌也将刺激土壤生物群的繁衍，否则它们的数量会低于地面土壤中的水平，或者会在将土壤和腐殖质移动到高台种植床的过程中被感染和消灭。在花园表面引入蚯蚓也是个好主意。（接下来在蚯蚓堆肥塔的建设步骤中将阐释这一过程。）

如果你的社区中有人可以制作环保酵素，那么是时候找他们帮忙了。当酵素用于喷雾的时候，确保在附近的人都戴上面罩。如果酵素像通常使用的其他生物肥料一样，用一个刷子轻弹在花园中，就不用那样严密的防护了。在这个阶段，生物肥料显然对土壤中的生物和种植床未来的丰产具有重要的积极影响。

引入工作者

步骤7 如同微型的土壤生物群（微型动物）一样，大型土壤生物群也可以确保一个健康且丰产的花园。引入蚯蚓时可以在你的混合种植基质中使用蚯蚓排泄物，或者可以将它们引入"蚯蚓塔"，将蚯蚓们从地下吸引上来。

有很多关于蚯蚓和蚯蚓养殖的不错的书籍，学校附近也会有一个蚯蚓农夫，他会来给学校员工、老师和孩子们做相关的演讲。孩子们仅仅就是喜爱蚯蚓，即便对于那些不太喜欢虫子的孩子来说，蚯蚓也是具有一定吸引力的。

基于我有限的理解，我将蚯蚓分为两种基本类型——堆肥蚯蚓和深土蚯蚓。堆肥蚯蚓在土壤表层生活，吃掉任何生物的遗体。它们降解有机物质，使植物可以获得营养。而深土蚯蚓则生活在土壤的更深层。

蚯蚓会爬行很长的距离来寻找食物。从周边的土地来到你的花园工作和施肥的蚯蚓们被称为"环境蚯蚓"。你不用特意把它们放到你的花园中，即便它们经常会随着花盆混合土而来。只要你创造出适合它们的环境，蚯蚓们就会从方圆几英里之外赶来。它们在高种植床花园中会茁壮成长，也会在花园条件不再有利的情况下弃之而去。这对于有可能会关闭的花园，或者可能长时间缺水的花园来说，并不是一件坏事。

别担心你不知道的所有事情。如果你希望了解所有事情后再动手实践，那么你永远不会开始。学校花园、生物与自然系统是一次学习的旅程和探索。你仅仅需要开始行动并在行动的时候学习。这样看来，老师是一个推动者，你教授的东西远远超过如何种植一个花园。你将教授孩子们如何学习以及如何终身学习。实际上，淡化你自己的园艺技巧和知识，让孩子们在自己的实验和错误中寻找答案，询问有经验的人，利用图书馆或者亲朋好友的书籍进行研究，都是卓有成效的策略。

建造蚯蚓塔

这些塔楼实际上就是简单地插在地上的管子。它们从地下或种植床的底部开始，到距离种植基质表面约30厘米以上的高度为止。

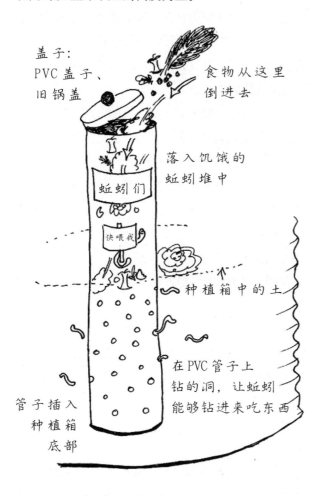

盖子：
PVC盖子、
旧锅盖

食物从这里
倒进去

落入饥饿的
蚯蚓堆中

蚯蚓们

快喂我

种植箱中的土

在PVC管子上
钻的洞，让蚯蚓
能够钻进来吃东西

管子插入
种植箱
底部

通常使用6英寸[13]PVC管，在埋入土壤中的部分随机钻出许多孔。虽然PVC管性质不够稳定且易发生变化，但仍然可以为我们所用，这取决于可获取的材料。如果对使用PVC担心的话，那么可以使用陶管，但它们的底部应该略高于原始地面水平，同时顶部仍然达到距离种植基质表面约30厘米以上的高度。

有必要在顶部盖上某种形式的帽子或盖子，使管道内的蚯蚓不会被雨水浸透而淹死。可用于堆肥的材料有新鲜的食物残渣、修剪下来的枝叶或颓败的植物以及一些干草，把这些和堆肥蚯蚓一起放入管道。

蚯蚓吃无机物质，并且周围的蚯蚓会从整个花园取食。

实验显示，有蚯蚓塔楼的花园比没有该设施的花园需水量更少。这可能是因为食物残渣和修剪碎屑中80%以上的物质是水，而且有蚯蚓的土壤保水性能比较好。这个塔楼也能很轻易地维持花园的整洁，它们清晰地展示了一个闭环系统。

种植阶段

步骤8 种植战略将取决于轮作计划和同伴作物的选择，同时要从花园和季相变化的方面去考虑。孩子们可以借助于简单的本地种植手册或从当地园丁那里获取信息，来研究和制订他们的种植计划。阅读种子包或苗木信息也可以成为一种引导。永远不要低估试验和犯错的价值，让孩子犯错误，或找个机会再好好讨论一番，研究和写作也会随之而来（正面和负面的）。

保存在图书馆中的种植记录，将有助于花园的规划。让孩子们了解到优质文档的用途，以及向过往经验和他人经验学习的价值。

如果你选择厚厚的生长层基质，就可以在最初的种植中从种子开始生长；但如果你选择不翻耕花园的方法，在开始时就需要使用幼苗来种植，直到所使用的材料被分解（参照不翻耕花园的指导）。

收获

步骤9 一个小组可以选择一次收获一小部分（就如在"快速采摘"花园中一样），或者选择一次性完成。

一次性的收获让班级在一个确定的时间段里不断进出。在丰收之后，花园可以种植覆盖作物，或堆上堆肥和干草来休耕，或放养鸡去翻地。

引入鸡

在系统中使用动物是推广系统性思维的好办法，它告诉我们人类无须参与所有的工作。通过向花园中添加新的元素，比如鸡，可以减少劳作，减少浪费，并从花园里获得更多的产品。

很多学校养鸡，都是将它们圈在一个结实的鸡舍里管理它们。而我们的这些鸡将被关在小笼子里带进花园（朴门永续称之为"耕耘鸡"），白天它们就会在花园内工作。没有什么声音比在教室外远处的花园里咯咯的叫声更能安抚人心，孩子们会安静地工作，只为了听到这些隐约传来的声响。

作为花园日常维护工作的一部分，鸡在清理收获后的残余植株，吃昆虫、幼虫和虫卵，翻挖腐殖质，为土壤施肥等方面，都是非常有用的。它们提供了这些花园服务：鸡蛋、羽毛、小鸡（很少发生鸡伤害孩子的事情）和鸡肉。通常，如果有鸡因为年老或不幸遭遇而死亡，对于孩子来说，心爱的鸡将被埋葬。可以用种植一棵树或灌木的方式来纪念分离，从而让他们理解自然的循环和生命的轮回。

准备下一次种植

步骤10 一旦收获完成，鸡或孩子们会将残留的植物和杂草转移并制作堆肥，此时要确保下一轮种植有足够的营养。有些农作物比其他作物更易"饿"，如玉米，就需要大量的营养物质，所以必须将其更换或者将残留的枝干还田。

如果你能理解当产出被带走并在别处消费会对花园带来损失，你就会明白这就是所有可持续性问题的关键因素。当营养物质以水果或蔬菜的形式从花园里被带走，那么这种营养物质必须以某种形式返还到花园里来，这样才能在将来继续有丰硕的产出。

一种策略是在一种作物之后种植另一种作物，后者从土壤中索取不同的营养物和/或能够增加因前者的收获而损失的营养物质，这就是古老的作物轮作方法。将这种方式用于种植规划的必要性演示出来，是孩子学习的核心，这样他们不但能明白真正的、可操作的可持续性，更能在选择有益健康的食物时明白与营养相关的知识。他们会明白不同的植物积累不同的营养物质，这个概念也促成了对平衡膳食的基本理解。孩子需要知道铁、钾、镁等元素的植物来源，以及如何种植或选择植物以通过多样性来达到最佳营养。

通过堆肥、蚯蚓农场或鸡系统的再利用课程，教会孩子们如何"将循环闭合"，使养分得以回归循环，而不是制造废弃物或污染使运行系统瘫痪。如果你的学校花园并非生机勃勃，并且在随后的季节里遭受愈发严重的虫害，那么几乎可以肯定的是，花园正在流失养分。要结束这种麻烦的情况，你可以找当地有经验的园丁来帮忙，或依照"不翻耕花园"里面步骤9的方法关闭花园，等待养分水平增加。

让花园休息是另一个古老的保持营养水平的策略，在温带气候带运用良好，并且在这些地区自早期农业时代"休耕"就已经得到了运用。不过，要确保花园不会受长期休耕之苦，长期休耕会使土壤生物因缺少有机物的覆盖和长时间暴露在外而死亡。

在热带和亚热带地区休耕不是一个好选择，因为温暖的雨水将淋洗掉绝大多数田园蔬菜根部以下的营养，这只能借由聚合草和白萝卜来恢复，它们的根系能深入土壤下10～12米。在热带花园里，要始终确保有覆盖作物或厚重的覆盖物。

如果你能保持良好的循环种植记录，添加堆肥，让花园休耕，利用覆盖作物和绿肥，那么你的学校花园的生产力将随着岁月的流逝而不断增加。

每一年，你的花园都需要培育土壤。在发生灾难时，只须加入营养物质即可重新开始。这个过程本身就是美妙的园艺教育，同时孩子们可以将这些经验应用在生活的其他方面。

下沉花园

和抬高的种植床相反，它适用于炎热干燥的地区，在那里蒸发量可能大于降水量。其优点是：

☞ 它甚至可以在降雨很少的地区保持高产，在这些地方如果不依靠下沉花园，就很可能无法在学校里建立花园。

☞ 利用凝结和蒸发作用。

☞ 同一个区域中通过增加种植空间和层次的数量来示范边缘效应的原理。

☞ 水的收集和转移在这种花园的设计中是高度可见的。

☞ 它清楚地展示了对场地中所有水的充分利用，以及对潜在洪水的适应程度。

☞ 如果花园的边界足够大，许多孩子就可以窥探到花园的内部，并且一次看到整个展示过程。

☞ 这些花园还可以串联排布形成水景，这样前一个花园溢出的水，将流入下一个花园。

（译者注：改编自布兰德·兰开斯特《雨水收集》）

步骤1 找到一个尚未被利用的集水区。这可能是一个停车场、平坦的水泥地或屋顶，这些雨水会从落水管直接进入雨水管网，或从集水罐里溢出，或从道路、排水沟里流走。然后，就要想办法让这些水转移或者引流到一个下沉式花园的区域里。

步骤2 设计碟状排水区域，从而使得流入口高于流出口，这样多余的水可以从溢流口排出，无须筑堤，也不会淹没植物。溢流出来的水可以流向下一个、甚至一系列的下沉花园，直到到达设计的最终排水点。如果水源有化学污染，如来自道路或停车场的地表径流，就可以先将水引流到芦苇种植区，过滤掉污染物质。所以，碟状排水区域的最终排出点可以是进入净化区域之前的水流排出点，也可以根据需要将水流从原先排出点移开，进入净化区域再排出，这些都是需要考虑的问题。

步骤3 设计花园的底部，从而使得碟状下沉区域由碎石基底覆盖上一层防止淤积的织物做内衬。碎石层使得水可以在花园底部滞留数日而不会淹没花园，而且植物可以在它们需要时获取水分。碎石层的顶部需要比溢流高度低10厘米。这10厘米就是种植基质的高度。在大雨时，你可能会因为溢流而损失部分土壤，但是这些土很容易收集并运回原处。而你的种植和覆盖策略将在暴雨中对避免土壤流失起到很大的作用。

步骤4 在为下沉花园选择植物种类时，把那些喜水的植物种在碟状区域的底部，而将耐旱的植物种在边缘。花园中的小路最好尽量沿着花园的碟状轮廓走，因为花园中笔直的路将会加快水流的速度，增加水流的量。如果你有一连串的下沉花园，那么可供你选择的种植品种将会大幅增加。每一个连续的花园都会减少洪涝的风险，并且可以逐级减少碎石的量和增加土壤层的厚度。

步骤5 通过挖出一系列的碟状下沉区域以及它们之间适当的流入/流出的连接口，就可以建造一个花园。这些花园的连接管可以是相当长的（如转移排水管），但水仍然会流动，只要使它们在这段距离内略有高差即可（1∶300的斜率）。建造碎石层时，使用防止淤积的薄膜，并且在溢流口的底部填满种植基质（和在种植床中介绍的一样）。

步骤6 覆盖层在干旱地种植中是很重要的，因为节约用水和收集水一样重要。下沉式花园的一大好处是，它庇护植物和泥土免受干燥熏风的吹袭，并且使得花园的某些部分在一年中的大多数时间内都可以在白天处于阴影中。不要害怕在边缘使用大块的岩石，或者在碟状区域中更大的范围内使用岩石作为覆盖物。在夜晚温暖的空气中，水蒸气会凝结在较冷的岩石表面，这些水会流下来汇集到石块下面，在这里水会在泥土中缓慢流动并保持湿润。岩石会为土壤提供庇护，并通过自身的热容来调节温度的波动。干草或秸秆作为营养物是有用的，当选择富含苜蓿的干草时，确保有更便宜的秸秆覆盖它们，这样它的氮就不会流失到空气中去。也可以考虑种植活的覆盖物，或者建造堆叠式花园，这样就都没有暴露的土壤了。还可以种植落叶树或小型阔叶豆科植物在夏季给花园带来阴凉，这些策略将确保蒸发量的减少。

这些下沉花园能够在根本不可能有花园的地方达到高产，并且还能进一步扩大。这是朴门永续的原则下通过系统性思维创造的可见的精彩范例。

锁孔花园

这种构造的优势在于：

🌺 在花园里创造边界效应。

🌺 对花园的所有区域有最大的可达性。

🌺 它的尺寸可以适应任何年龄的园丁，并以手臂能触及的距离来度量。

🌺 害虫很难一条道从头吃到尾，因为锁孔花园充满弯折、扭曲和曲线。

🌺 它们利用了所有的种植空间。

🌺 展示了"与自然协作而非抵抗"的原则。

🌺 展示了运用形式辅助功能。

🌺 比起笔直边界的花园，在同一个空间里可以容纳更多的孩子在其中工作。

这个名字源于花园的形状，而这个形状是为了边界最大化及最佳可达性而设计的。

这一设计元素是对于朴门永续如何使用模式来获取优势的绝妙演示，这在1988年比尔·莫里森出版的《朴门永续：设计师手册》一书的第375页中有很好的描述。

花园的形状可以是一个单独的带有一个开口的"锁孔"，也可以是带有一串锁孔入口的笔直或弯曲边界的花园。它可以在地面建造，也可以在一个抬高的种植床上。

如果在地面建造锁孔花园，就可以是一个圆形的曼陀罗花园的一部分，关于曼陀罗花园我们将会在后面讲到。

锁孔花园绝妙地展示了自然中的模式如何在花园这样一个设计系统中被模仿运用于所需的功能之上。

由于在这些花园里，只有边界的组合形态是不同的，所以"不翻耕花园"或"高种植床花园"的技术方法可以被运用于建造一个或一系列锁孔花园。

曼陀罗花园

曼陀罗花园已经成为了不翻耕花园的代名词，并且再一次描绘了边界和路径的布局。在比尔·莫里森的《朴门永续：设计师手册》一书中第269页，它首次被描述为"甘伽马的曼陀罗"[14]，并在第274页中有针对这段文字的精致插图。

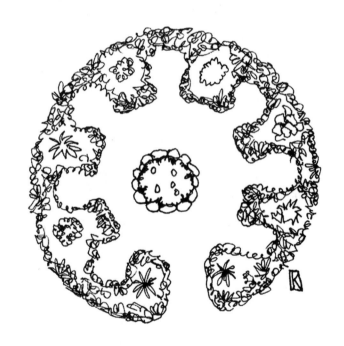

曼陀罗这个词来自梵文，用于描述一个同时考虑到边界和中心的圆环，有其独特的精神意义，在全世界的宗教中都有所表达。这个基本的形状及其中蕴含的无限的设计可能性，让那些研习宇宙能量的人与花园建立了深刻的连接。对此及其他普适设计的运用，使得朴门永续得以跨越所有宗教和文化的边界。这些连接使花园成为一个学习其他文化的宝贵工具。

曼陀罗花园可以是一个不翻耕的花园，或者是一个抬高的种植床。可以有一棵树或者一个池塘在中心，也可以是其他的东西。小路会通过锁孔穿越或环绕着花园。所以曼陀罗花园潜在的多样性并不逊色于从宗教和艺术角度设计的曼陀罗图案。

香蕉圈

这是甘伽马的曼陀罗花园的一种变形，在《朴门永续：设计师手册》一书中第275页对其进行了描述，同时它很好地示范了：

- 运用自然模式工作
- 增加边界
- 使用所有可利用的资源
- 不制造废物
- 调整进入的能量
- 减缓、净化及引导穿过场地的水流
- 利用一个湿地带来高产出

如果具备以下条件，这个香蕉圈就可以在你的校园里运用：

- 有一个潮湿的地块，同时你希望使其干燥并利用它
- 你可以获取能被转移过来并用于生产的雨水
- 这里仅有很小的一块地方用于食物生产
- 有大量可用于堆肥的材料，如小树枝和修剪下来的枝叶，需要被处理并用于这块场地
- 需要净化或者减缓水流

- 香蕉叶被用于食物的备制和展现
- 花园中某一区域需要遮阴

所有的香蕉会长大形成一个圈，但这不是我们在一个设计系统中想要的，因为这个种植系统将增加对资源的竞争。

香蕉圈是一个低于地面60～80厘米的深坑，在这个坑的周围是用挖出的土方堆叠起来的一个环形边界。这个圈的典型尺寸是直径2米，不过也可以略小一点，让5～7根香蕉均匀地分布在边界上。这样的构造可以让所有的植物获得光照，而且水会顺着设计在高处的入口流入到坑塘之中。可以向这个坑里丢入任何杂草、修剪的枝条，以及从香蕉母树上砍下来的茎杆。一旦它们开始产出自己的果实和新的分株，这些材料分解后，就可以成为生产香蕉的养分。从香蕉树上修剪掉的枝干叶子中含有糖分，可以激发土壤生物，从而加快分解过程。

这些香蕉圈内可以填入高出地面约半米到一米的绿色废弃物，它们会持续分解，还能不断加入更多。来自腐殖质的营养进入香蕉，但也有一部分被蚯蚓和其他土壤生物群享用，扩散到花园内更大的范围。如此，香蕉圈示范了一个环形的封闭系统：保持花园的整洁，生产食物，还吸纳多余的水份。

和下沉花园一样，这些有边界的坑塘可以按照一定的序列排列起来，这样前一个的排水就是下一个的进水。随着每一次溢流，水的洁净程度增加，所以如果水源可疑的话，第一个坑可以仅仅承担水质净化的作用，而不用于生产食物。

也可以用其他植物取代香蕉，在一些地区政府规定不允许在校园内种香蕉，那么替代植物的方案就能得到运用。并且在种植花园前，确实需要与教育部门确定一个被禁止种植的植物种类清单。在你的设计系统里，巨大的纸莎草将成为一个绝妙的净化器，无论是放在进水口还是排水口。有人会在圈中使用木瓜，而比尔·莫里森在太平洋群岛设计了椰子树圈，效果也很好。这一策略的美妙之处就在于，基于场地和需求的不同，可以幻化出无穷的形态。

香蕉圈的维护非常简单，因为每棵植物的可达性都很高，便于照料，而垃圾可以直接扔到坑里。你只需要决定香蕉生长的走向就可以了。当母株被砍伐，新的分株就成为了它的继任者继续生长，任何不因循我们需要的方向而胡乱生长的分株，都可以被清除并填入坑中。被选定存活下来的幼小分株，是最初那棵香蕉树的孙辈，它将在母株被砍伐后接替它的位置。以这种方式，在这里的边界上，将永远只有5或7棵植物以及接近它们位置的唯一继任者。

如果你想要在坑内种植喜水湿的物种，也不失为一种选择。边界拓展、朝向选择以及获取水的途径，将带来多样的植物种类。喜阳耐旱的植物将被种植在边界的顶部内外朝北[15]的区域，同时，喜阳也喜水的植物可以种在前者下方位于坑内的位置，而耐阴的植物则适宜种植在南面等。

关于这些坑塘唯一的担忧就是有可能会产生蚊子，尤其在温暖的地区。所以很重要的是，如果你用这个圈来做堆肥，那么使它保持填满的状态；如果用于种植，那么这些植物要足够密集和干渴而能

够吸干所有的水份，这样就可以避免蚊子的繁殖了。在一些案例中，可以简单地在蚊子繁殖的季节增加排水设施。在干燥和（或）凉爽的季节用沙袋堵上排水口，然后在炎热和（或）湿润的季节除去沙袋；抑或在蚊子肆虐的季节，用绿色废弃物（厨余、剪枝等）填满用于食物生产的坑。

香蕉圈策略是非常聪明的，可以考虑在你的学校花园中加以运用。谨慎的设计会使其成为花园系统中一个绝妙的景观元素。

香草螺旋花园

香草螺旋花园和香蕉圈有着相似的益处，或多或少又有相反之处。螺旋结构是为了保证不耐水湿的香草处于干燥的高处并提供多面的角度。

这种花园构造的优势在于：

◎ 许多香草可以在一个地方种植，这个区域提供了多样的光照角度和水分湿度。

◎ 建一个相对于平地的小丘，可以使种植面积成倍增加。

◎ 因为增加了边界并且有环绕的路径，维护和采收都非常方便。

◎ 建造螺旋花园只需要2平方米的空地，而且可以直接布置在教室外或厨房外。

◎ 香草可以用于感知（触觉、嗅觉等）活动，还可以成为给有特殊需求的孩子建造的感知花园的一部分。

◎ 许多香草拥有药用和文化意义，可以成为科学及文化教学的一部分。

◎ 螺旋状的路径可以在多方面得到延展：数学中的斐波那契数列、艺术课程，或者关于大自然中具有螺旋结构的动植物生命体的研究。

建造香草螺旋花园

步骤1 选好地点，然后覆盖上厚报纸，保证小路下也覆盖有报纸，如不翻耕花园一样。

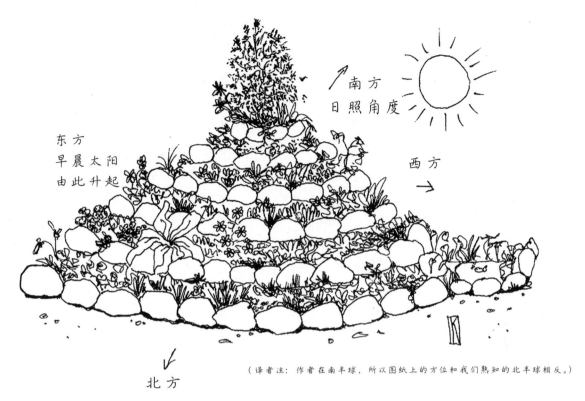

东方
早晨太阳
由此升起

南方
日照角度

西方

北方

（译者注：作者在南半球，所以图纸上的方位和我们熟知的北半球相反。）

如果你想要为花园增加更多的多样性，那么可以找到一个最佳的排水位置并挖一个小池塘。池塘在花园中并非必有的，取决于可用的空间及学校的安全政策。如果你决定拥有一个池塘来接受来自小丘的所有营养，那么增加栖息地并提供适于生物成长的更多样的生态位，然后确保池塘有足够的深度，让当地的小型鱼类能在其中存活，因为它们将吃掉蚊子的幼虫。

步骤2 用大石块做一个圆圈来建造螺旋的底部。如果你的泥土黏度较大或者排水不便，那么可以在这一层的圆圈内铺上一层碎石。围绕花园一周铺设道路，能阻止野草通过种子传播进入螺旋小丘之中。

步骤3 找到一个土壤来源，或者自己调配一种混和种植基质，类似于在不翻耕花园中做的种植基质那样。切记，健康肥沃的土壤将生长出良好气味和风味的香草。将土壤（大约1～1.5立方米）铺在圆形的底部，然后以一种蜿蜒向上的方式堆砌石块，加高小丘。

步骤4 为螺旋花园选择香草，并将它们布置在最适宜其习性的位置上。不要将薄荷类（mint family）的香草种植在小的螺旋上，因为它们入侵性很强，并且能够适应很多生长环境，很快就会侵占整个空间。如果你要在螺旋中放入罗勒（basil）或者迷迭香（rosemary），就一定要保证把它们修剪成紧凑的株型，因为它们都容易长得很大。

步骤5 对整个螺旋做覆盖，这样它能保持湿度。将覆盖的干草切碎，就不会遮盖住花园中石块的坚毅轮廓。

步骤6 要让香草螺旋花园维持美观并产出丰厚，就要定期修剪并且替换掉一年生植物。收集种子，在育苗床或花盆中进行繁育。螺旋花园的这个形态是为了在一个地点的有限空间中拥有尽量繁多的香草，所以如果学生们想要收获"用于商业"的产量以便在市场售卖，或者用于供应当地的餐厅，那么采用两个大型的种植床是不错的选择：一个用于种植耐旱的种类，另一个用于略喜湿的种类。

在这个螺旋花园中，对于香草来说，如果放对位置它是极易生长的。你将拥有沿着道路的迷迭香边界，而罗勒将在学校花园的另一处成为可爱的绿篱。姜（ginger）会在低洼阴凉的地方长得很好，香茅（lemongrass）也会成为绝妙的花园边界。所以和香草螺旋花园的原理一样，你可以计划让整个校园都拥有香草。

园 路

园路不仅仅是一个让人和独轮车可以通过的地方，还是一个雨水储存、收集并排走的地方，发挥热量储存和光线反射的功能。园路应始终比独轮车宽，因为植物会生长侵占园路边缘，并减少宽度和降低可进入性。

在校园中，千万不要因为一个地方过于潮湿或过于干燥就认为它不可能成为花园。园路的设计能够帮助弥补一些场地本身的限制。关于此技术性的探讨已经超出了本书的范畴，但是了解道路潜在的用途及其对花园的作用确实十分重要，所以经验丰富的花园设计师了解园路的多种用途，会在最初就将此纳入设计。

这里有多种园路的材料选择，但是任何选择都必须考量这些因素：儿童使用者的安全、轮椅通行的需求、维护及造价。

很多学校开始时会采用一个经济实惠的解决方案：垫上一层厚厚的报纸或草席来阻挡杂草，然后用碾碎的尘土铺在上面。当花园的使用频次增加并且愈发确定时，就可以使用耐久性的面层了。这里有各种各样的循环再利用的产品可以使用，如碾碎

的屋顶瓦片或水泥。

路面材料的决定可成为一项课堂活动：

✦ 考虑开销和预算，以及材料在生产和运输中（所消耗）的能量。

✦ 考虑材料的反射特性，它们对周围建筑和植物的影响，它们对排水的需求，杂草控制问题，以及花园的审美需求。

✦ 对用于斜坡的园路材料要格外小心。

✦ 绝不要在斜面上铺纸板再加覆盖物，因为打湿之后它会变得非常滑。

棚 架

使用棚架支持攀援植物生长，能让花园的种植区域显著增加。这些棚架可以形成部分或全部的花园边界，或者架在园路上的构筑物，为行路者提供一片阴凉。特定的种植区域会需要上方有覆盖的帐篷形式的棚架，也可以就是简单的竹子或绳子搭出来的格子棚架。棚架可以被放置在墙边上为墙面提供阴凉，它们可以紧靠着墙，或距离墙一米，或两者皆可。观察植物蜿蜒盘绕而上攀附在一个构筑物上，对孩子来说有无尽的魔力。植物循着方向去获取阳光并摸索着去寻找下一个支持物，同时用卷须来作为一个可靠的固定物，这些都是花园魔法的一部分。当这些植物的活动以数学的术语予以揭示时，是非常令人激动的。

有一种特别的棚架形式，叫作"垣架式整枝"（the espalier method），是一种古老的捆绑整枝法：将果树的树枝用绳子绑在篱笆上或靠着墙，这种方法非常适用于狭小的空间。所有的棚架方法都可以与文化研究相关，从葡萄园中的葡萄到贴着石墙生长的柑橘树墙。植物也可以支持其他植物，当它们以这种方种植在一起时，就被称为"共荣作物组合"（guild）。

最著名的共荣作物组合可能是墨西哥三姐妹（也被称作"南美三姐妹"），她们是豆子（beans）、

玉米（corn）和南瓜（squash）。玉米支撑了扁豆生长的藤蔓，同时证明了玉米的茎杆足够结实。

豆子为玉米和南瓜提供了营养（豆科植物的根系能够固氮，提高土壤肥力），而南瓜则覆盖了地面，保持水分且控制杂草。文化研究可以是有关墨西哥人民的，包括他们的历史、艺术、住宅和食物。一个班级可能会决定种植玉米来做玉米饼，并且同时种植提供馅料的植物。了解水果和蔬菜的渊源，能让孩子们深入了解世界的多样性和贸易的流通；同时，了解一些食物品种的起源，以及它们如何被先民挑选出来逐渐演化，在今天成为我们的食物。学习创造共荣组合的无限可能性，可以让孩子们拥有设计和种植高产花园的能力，同时让他们对于双赢局面和寄生关系的不同之处有一个清晰的认识。

为你的花园找到足够的水源

前文描述的这些不同的花园设计将帮助你的花园获取水份，但这里也许还有其他你愿意开发利用的方式，来向花园运输水。

通常情况下，学校花园会被安置到当下没有其他用途的地块上，因为将最好的地块用来建造花园是如此奢侈，所以很少有人做出这样的选择。但是你仍然可以利用很多屋顶上的雨水来浇灌种植的空间。

巧用屋顶雨水

学校里有大量的硬质屋顶可以用来收集雨水，然而在大多数情况下，这些珍贵的水资源都顺着雨水管网被迅速地从场地上带走。

屋顶雨水可以是一个非常清洁的水源，这取决于学校与工业区及空气污染传播源的相对位置。饮用水水箱需要一个初期弃流系统[16]及一些过滤装置；但是花园用水水箱可以灌满从屋顶排水沟流下来的水，并且将溢流部分排到雨水管网内。你需

要做的只是在集水点和溢流点之间加一个储水装置。如果屋顶位于场地高处，将会非常简单易行，因为这会让水落入储水桶中之后，依然相对于浇灌区有一定的高差，通过重力就可以将水输送到花园的其他地方。

如果储水罐低于花园的位置，那么可以用一个小需求量供水的泵来运送水，甚至可以提供足够的水压用于滴灌和喷灌系统。

孩子们将能够看到他们的水来自哪里，了解水箱的容量以及屋顶的集水区域。他们会意识到降雨过程能带来花园所需的水。正如水是花园产量的限制性因素，这些连接应及早准备，并且在他们在校期间不断加强。节约用水的概念（技术、行为和设备）应成为花园及紧缺资源教学的一部分，并贯穿所有年级。

在学校花园中另一个可以讲解的方面是紧急情况下的洁净水源。当地原住民或者那些长时间远离自来水和灌装水的人，能教孩子们在迷路或被困时，如何获取足够的水来维持生命。

学习收集、储存以及使用水可以是安全计划、明智的水利用行动、文化研究、数学项目、审计过程等内容的其中一部分，甚至还可以涵盖多种流派的写作或任何创造性的艺术。

干净的空气是我们每一分钟都需要的，而水是我们每日的必需品，如果离开它三四天，我们将就此殒灭（孩子能坚持的时间可能更短）。对于如此基本的生命需求，学校有必要展示给学生更多相关信息，而不仅仅是如何开水龙头和使用物品。

淡水是当今地球上最为宝贵和缺乏的资源，虽然日渐稀缺，但对所有生命体仍至关重要。

在规划校园空间时，有很多需要考虑的内容。令人庆幸的是，本章中的可操作性建议将使你能够营造出非常成功的花园，这会创造出涵盖所有学习领域和使用各种教学方式的丰富的学习机会，并在此过程中增加孩子感知体验的机会。

学校花园案例：英国经验

作者：露西·阿尔德斯洛（Lusi Alderslowe）、凯瑟·福勒（Cathy Fowler）、史蒂夫·史密斯（Steve Smith）

编辑：乔·阿特金森（Joe Atkinson）

插图：简·伯特姆雷（Jane Bottomley）

欧洲儿童平均90%的时间是在室内度过的。[17] 而由于室内糟糕的空气质量、缺乏锻炼等状况，导致了一系列的健康问题。美国作家理查德·洛夫（Richard Louv）在他的《林中最后的小孩》一书中创造了"自然缺失症"（Nature Deficit Disorder）这一术语，来描述一系列由于低水平的自然接触而引发的儿童行为问题。

相反，待在室外能够减少压力，增加体育运动（有助于减肥），增加幸福感，提升对自然的理解，改善注意力、集中力及自信心，有助于学术学习。[18]

"我们计划且执行得很好，在室外学习对于小学生学业水平的提升以及性格、社会性、情绪的改善和发展都做出了巨大贡献。"[19]

那么为什么不让孩子到户外去呢？在富裕的国家，对于犯罪及对街道上越来越多的车辆的恐惧不断上升，这些都导致了一个错觉：孩子在室外行走或玩耍都不安全。所以，越来越多的孩子每天乘车上学、组队放学；越来越多的孩子倾向于看电视、打电子游戏等基于屏幕的娱乐活动，这些都使问题愈发严重。最后，前往绿色空间变得困难，特别是在人口稠密的市区。而这些困难发生在我们看向窗外判断是否适宜出去玩之前，比如看看天气是否寒冷、潮湿或有大风。

好消息是很多学校已经全面意识到将户外作为教室延伸的好处。一些学校雇用了可持续工作者一起建设和维护校园，支持教学员工在户外工作，运作户外课程，并且致力于可持续的问题。本章接下来的内容就是这些工作人员的经验之谈，他们都拥有朴门永续设计的背景。

潜在障碍及克服之道

1. 感知天气

其他教职员工或家长可能觉得天气太冷或太潮湿，在孩子出发之前就把孩子关在室内。

解决方案：热身！

在所有天气条件下孩子都可以很开心，只要他们穿对了衣服。学校最好能为孩子们买一些防水的裤子、外套、长筒靴，让他们出去玩儿（或者可能弄脏）时穿。另外，学校往往取暖过度，让孩子们在室外感觉特别冷。可以将暖气温度降到18℃，并把这当作一个刚好可以链接到生态校园课程[20]的契机。

2. 真实的天气

有时候，要在大风大雨、内涝或严重霜冻使土壤冻结时工作，的确是困难且危险的。

解决方案：防护种植区

这可能值得为此拥有一个塑料大棚，这样孩子们就可以在遮蔽下工作了。一个温室和盆栽大棚同样可以用于种子种植。仔细考虑成本和收益，以及这类构筑物的位置，因为它们可能在面对强风和破坏时变得脆弱。

3. 学校假期

通常我们能够使我们的花园在四五月份生长良好，看起来非常梦幻，然而当6周的暑假结束后，蔬菜种植块已经完全一片混乱，看不到一棵我们种下的植物。除了暑假，还有复活节假期和期中"春假"时天气都会非常炎热干燥，而这时小苗是最脆弱的。

解决方案：社区参与及合理选择植物和多样性

邀请孩子、他们的父母、祖父母一起在假期来照料植物（将种植区设置在一个可进入的位置），然后制定一个浇水制度，特别是对于塑料大棚或温室。密集种植并且在植物之间铺设覆盖物，以减少需水量并抑制杂草。

选择多种在夏季结束后能够成熟的水果，如秋果莓（autumn-fruiting raspberries）、黑醋栗（blackcurrants）及大多数灌木水果。

秋播作物，如大蒜（garlic）、洋葱（onions）、豌豆（peas）和蚕豆（broad beans）到暑假时就会成熟，而且在复活节和期中"春假"期间也不会那么脆弱。

生长周期短的一年生作物，如沙拉马铃薯（salad potatoes）、沙拉类蔬菜、萝卜（radishes）等，会在假期开始前就及时成熟等待收获了。实验中用苗床罩和小型温室（使用来自新鲜粪肥的热量）的方式来拓展生长季，使它们能较早地开始生长。（注：教室的窗台上往往过于温暖了，使得植株移栽室外后变得异常脆弱。能不能找到一个略冷些的地方，来育种并强化它们呢？）

各种各样的多年生植物在暑假前就可以收获了，如独活草（lovage）、威尔士洋葱（welsh onions）、众多的香草、草莓等。此外，还有各种沙拉作物可以在冬季收获，如冬季马齿苋（winter purslane）、沙拉地榆（salad burnet）或冬季生菜（winter lettuce）。

4.不允许孩子吃他们种的食物

学校厨师可能会考虑校园里产出的食物的品质和数量。特别是，如果学校有伙食承包商制定的菜单，那么对于菜单的选择就更少了，困难也会增加。

解决方案：众人参与和鼓励选择

与厨房的工作人员商讨这些事儿并非全无可能。找到他们惯用的食材并相应地去种植。同样，还可以在可能的情况下组织品尝会。

如果在和孩子们开品尝会的同时还有园艺活动，就在园艺活动前品尝食物，因为这时小手不那么容易沾上泥巴。另外提醒一下：活动中孩子们可能会占用整个时间来吃野草莓（wild strawberries）而不是除草，不过这本身就是一大收获了。很多孩子甚至愿意去尝试少见的水果和蔬菜，但很重要的是提供给孩子们选择的空间。

当选择种植水果时，可更多地选择从树上摘下来就直接能吃的水果品种，而不是需要储藏一段时间来增强其风味的水果，因为储藏空间会成为一个难题，而珍贵的水果可能在成熟前就被遗忘了。

当地特有的多样性会效果很好，就如同增加了一项历史名胜。

"我们在格拉斯哥（Glasgow）的社区缺乏食物种植的文化，所以还存在许多对学校的误解。很多家长和老师认为不应该允许学生吃那些由他们亲手在校园里种植出来的食物。在查尔斯王子对学校进行的一次访问中，这一问题引起了他的注意。他出乎意料的言论使得整个事件陷入停顿，随后，他在两周之后的大型粮食会议中提出了这个问题。现

在，格拉斯哥（市民）已经对学校充满信心，并积极地让他们的孩子加入到食物种植的活动中来。"

5.小树苗在场地维护中受伤

即使与地方当局、场地维护承包商及教育委员会都交流过此事，但信息依然无法传达给割草的那个人。就算他收到了这样的指示，他也未必能够注意到那些幼树，并且花更多的时间小心翼翼地绕开它们割草。

解决方案：告知所有人且让小树足够醒目

最安全的系统是告知当局的每一个人，以及割草者本人（他们通常每周都会更换），并且在幼树周围布设粗壮的边界或篱笆。用警示胶带和场地桩钉为新种植的绿篱创造一个可视的屏障。保证幼树有一个尺寸恰当、除过杂草且适当覆盖的区域环绕着它们：除草人将不太可能在靠近树干的地方修剪。

6.地方当局官僚作风

这会减缓获取土地使用许可和改善基础设施许可的进程。学校的工作人员可能会被迫参加冗长的会议，而这会消耗热情并减少原本用于准备教学计划的时间。整个学校会因为拖延而灰心丧气。

解决方案：推广效益，珍视边缘

让当地社区加入团队，并强调其他成功案例，以获取当地媒体、议员、教育委员会等对这个计划的支持。

通常树篱可以提供一个沿着现有场地边界且不会占用太多空地的绝妙的空间资源：它们可以作为栖息地、线性林荫步道或食物供应地。核实哪些计划是为了今后的发展，以及哪些区域会被指定用于体育项目。

7.恶意破坏

在很多地方，恶意破坏能毁掉许多新建的花园。

解决方案：问题就是解决方案

通过开放花园来减少恶意破坏。不是用篱笆把它圈起来，而是让当地社区居民参与到任何破坏后的重建活动中来（前提是重建中不使用昂贵的材料）。这一举措会将恶意破坏的问题转变为一个好机会：让当地人融入其中，建设社区，提供额外的时间来看护花园，并且为当地的年轻人创造可供选择的、积极向上的活动。

季节性课程链接

在第四章中会有关于课程衔接的深入探讨。下面是一些特别针对寒凉气候的季节性课程的链接方案。

学期	活 动	课程链接
秋季	收获、丰收节、苹果日（Apple Day）	健康饮食
	种植：春季鳞茎植物、多年生植物、绿肥植物、一些洋葱、大蒜、有覆盖的沙拉作物、蚕豆	健康饮食 科学：植物如何生长
	捕捉昆虫，挖池塘	科学
	种树、编织柳树的枝条（在树木处于蛰伏期时，即当它们有没有叶子的时候，这将持续至第二年3月）	地理：关心环境 艺术
	喂鸟，做喂鸟器	科学：动物赖以生存的东西是什么 设计与技术
春季	校园观鸟	各种活动 参考：www.rspb.org.ul/schoolswatch
	一周的巢穴箱活动	设计与技术 科学：栖息地
	室内种植，如果小环境气候温暖可在室外活动	科学：植物如何生长
夏季	收获早播的作物 种植能在暑假持续生长的作物	

支持的来源

有各种倡议和组织支持户外学习。他们的网站上有各种资源，既有用于建设校园的，也有用于课程教案的。在英国，这些资源包括：

在景观中学习（Learning through Landscapes）

室外学习委员会（Council for Learning Outside the Classroom）

有机花园（Garden Organic，HDRA）

英国皇家鸟类保护学会（Royal Society for the Protection of Birds）

生态学校（Eco schools）

健康学校（Healthy Schools）

RHS– 学校园艺运动（Campaign for School Gardening）

林地信托 – 自然侦探（Woodland Trust -Nature Detectives）

莫里森 – 一起来种植（Morrisons-Let's Grow）

为当地企业在校园社区中塑造一个良好的形象，也可以由此获得企业的支持。他们能够提供志愿者、实物礼品，甚至可以通过其企业社会责任（CSR）计划为户外教学的发展提供资助。

案例分析：低地小学（3～11岁）

低地小学位于布拉德福德（Bradford）的东鲍林区（the East Bowling area），在2000年由一所中学（9～13岁）转换成小学。学校有450个孩子，离市中心不足3英里，被工业和城市干道所包围。招生区域内包含了大量"多重贫困区域"，所以教职员工要面对那些涉及贫困家庭以及在闹市区小学里会出现的相关问题。

因为其前身是一所中学，所以低地小学继承了一大片土地。这片土地原来是一个垃圾填埋场，当它还是一所中学时，就进行了以提升野生动物重要性为目的的校园开发工作。自从成为一所小学之后，它通过与当地环境教育慈善机构和企业建立合作伙伴关系，在校园开发方面有了进一步发展。

户外资源包括：

◎ 野生动物区域：拥有池塘、树林、野花草地和灌木篱墙。

◎ 园艺区域：拥有果园和水果，每个班级都有种植床、塑料大棚和堆肥箱。集雨桶与屋顶连接，用于花园的浇灌。这个过程被学生们画了出来，演示水循环。

◎ 运动冒险乐园：在这里孩子们可以带入他们自己的生活主题，例如看看人们在斯库台[21]的战场上如何生存，或者一个罗马士兵是如何生活的。

◎ 用于户外活动的圆形剧场。

◎ 人体日晷。

◎ 户外教室。

◎ 修剪的小路。

◎ 柳树雕塑。

◎ 地质小道。

教职员工们被鼓励尽可能多地使用户外空间，并且得到一个可持续团队的支持，该团队由一个可持续管理者（SM）和两个兼职的可持续学校发展工作者（SSDW）组成。SSDW成员的角色包括：维护和开发户外资源，回应教职员工们的咨询，告诉他们哪些东西在教学中最为有用。他们也准备并领导课程，这意味着教师们不用成为专家就可以带着孩子们到户外开展教学。这个角色的其他方面工作包括开发资源，将可持续性纳入课程，并推动生态团队建设。

常规户外活动包括：球茎植物种植、昆虫捕捉和池塘游泳。四年级的孩子（8～9岁）可以决定对场地进行改造，我们建议这部分工作作为地理学习的一部分来开展。孩子们被定期带到户外作为许多课程的一部分，例如算术、语文、科学和艺术。在一个学期中每个班级至少有一周的时间花在运动冒险公园中，亲身实践的方法展现了对各种年龄和能力的儿童的益处。每个班级都有他们自己的种植床，这意味着每一个孩子在整个学校生活的课程中都应该至少体验到6种作物的种植和收获。

雇用更多的员工可能看起来是一件奢侈的事情，但可持续管理者发展起来的关系和连接将为学校和更大的社群提供长远的效益。许多当地企业以提供志愿者的形式来给予支持，以此作为他们的企业社会责任计划的一部分。他们的协助包含提供户外场地和教室，以及组织一些活动，比如圣诞集市。他们还提供物资和资金以响应学校的倡议，这一切（包括志愿服务的时间折算）的总价值高达250 000英镑，这也使得这项投资物有所值。小学生们也参加社区的活动，与商业伙伴共同工作。可持续管理者也为当地学校的教职员工提供培训，最终保证在学校内至少有两个人能担当类似的角色。

以下是低地小学在可持续行动方面的其他案例：

◎ 学校食堂在准备食物时会从校园内获取，而不是从外部购买事先包装好的食材来做饭。他们将当地屠户作为肉类的供应商，以减少远途的运输，并使其有能力雇佣更多的人。教职员工们都支持花园建设，并对于用这些作物来烹制他们的菜肴持开放态度。

◎ 应生态团队的要求，形成了废弃物收集契约，这意味着每日产生的垃圾将不再被送到垃圾填埋场。所收集的所有食物残渣将被做成堆肥，尽可能多地回收利用废弃物，余下的部分被送入联合热电厂。一年级学生（5～7岁）吃剩的水果和蔬菜由更年长的学生收集起来并在校园内做成堆肥。

◎ 这片土地上最近的建筑开发旨在减少能源消耗，同时通过更有同理心的教室设计来提高教学成果。

这所学校坚信要将可持续理念纳入校园、社区和核心课程，同样认可让自然成为一名老师的益处，以及在户外学习的重要性。有了这样的视野，他们成了社区传承的枢纽，他们传递的不仅仅是教育成就，而是使学生们能够延续下去惠及后代的技能。

案例分析：

科恩谷艺术专科学院（11～16岁）

这所学校拥有1500名学生，它服务于西约克郡奔宁山脉高地的整个科恩谷地。学校曾拥有自己的农场，以保证能够给学生提供一个开展"乡村学习"课程的机会，在农场里学习蔬菜种植和动物饲养的技能。在20世纪90年代末期，因为无法与对学业成绩的渴求相适应，农场被关闭并封存起来。

快进10年，科恩谷如果不是在经历一场绿色革命，就是已经开始关注到其景观和农耕文化遗产的潜力了，他们意识到未来一代对于可持续技能和理念的需求。转型城镇的推出、当地良心企业的出现以及对弹性社区逐渐增长的需求，使得焦点重新回到作为社区重要资源的高中学校。对于学校农场的美好回忆为人们提供了动力，现在学校有机会着手解决紧迫的问题，并在内部与学校和课程连接，在外部与更广泛的社会连接。

第一步是团结热心的学校工作人员，一起建立一个课后园艺俱乐部。这种积极的参与迅速催生了一个更正式的教学课程，专为那些不参与教室教学的学生提供。一个叫作"可食用的（Edibles）"当地食物计划建立了"成长与园艺"的模块，用于在校期间的活动安排。

下一步是引进普通中等教育水平认证（GCSE-level）课程"成长和可持续生活"，旨在针对那些热衷于在户外学习而挣扎于学术和室内教学的学生。这个课程结合了实用的食物种植技术，并广泛介绍了可持续发展的问题，如能源、交通、水、土壤、林地管理、朴门永续设计、绿色建筑、企业伦理、野生动物和可持续发展社区等。学生们种植森林花园，做堆肥，种植蔬菜，参观可再生能源装置，在一片田野中采访本地的议会成员，开发了沙拉种植的业务，并花了一天时间在当地的大学里对土壤进行分析。

下一阶段将解决两个具体的挑战：其一，这一举措如何能够使整个学校和更广泛的社区受益并参与；其二，如何打破"户外学习的地位次于室内教学"的固有观念。他们策划了一个叫作"环境和可持续性"的更为学术性的课程。该课程针对拥有更高学业成就的学生，将可持续性问题牢牢纳入课程，并提供室内和室外之间的交叉教学。

科恩谷艺术专科学院的旅程仍在进行中。学习和进步已经相当迅速、激烈且精彩。迄今为止一些可供学习的经验包括：

向资深的管理人员及主任教师寻求帮助并与他们密切协作。 在一个学校里做任何事情都离不开管理团队的支持。这是一个引人注目的项目，需要向管理者展示可持续发展教育的多重效益和协同增效效应，还要告知他们如何在户外加入相当多的教学活动和实用价值。

内部和外部的收益。 新的见解、有创意的工作方式和额外的技能经验，可以通过以下途径带入学习环境中来：与可持续性从业者合作的学校、社会团体、公益组织、当地企业、学术界等。学校还拥有大量经验丰富且负责任的教育专家。建立连接、资源库以及相互学习。

避免耻辱感和少数人心态。 提高户外教学和学习实践技能的地位，使它成为一个全校范围内的倡议，并旨在让各种能力等级的学生和课程都参与其中。避免让"户外教室"看起来像生态专业的学生和一事无成者的专属之地。

授权。 可持续教育的地位以及与其他课程的联系，可以通过运作适宜的授权课程来加强。这提供了教学的严谨性，并且对于开设体验式、实验性的户外学习的承诺不构成挑战。

向前看，也向后看。 与所在地区的整个学校阶层协作，从那些给你提供生源的学校和有所提高的学生身上获取对课程的认可、支持及热情。学生如果在小学阶段就受到鼓励，并且在升入学院或大学时得到赞誉，就比较容易选择可持续课程。学徒制同样是学生升学的一个很好的选择。

未来将掌握在下一代的手中，而学校能够成为关键的角色，提供可持续工作的示例，用价值观和技能武装孩子，来应对我们所面临的挑战。

延伸阅读：
www.cvsac.org.uk
www.edibles.org.uk
www.mastt.org.uk

花园的使用即花园的维护

维护是花园设计中的一个重要方面，不应被放到事后才考虑。理解使用者的需求、时间和精力，在工作中与自然连接，以达到最高产的花园；同时，产生最少的垃圾和需要最少的维护，这将使你的学校花园获得更为长久的成功。相反，花园会因为看起来杂草丛生或缺少关爱而失败，这让它们显得操作困难、管理耗时而令人生畏。

正如我们在之前的章节中讨论过的一样，对于维护的设计除了应该体现于花园的实体空间，还需要不可见的系统和网络来予以支持。更多的团体使用花园，它就有更大的机会被照看好，并一直对老师和学生充满吸引力。

如果花园维护所需要的能源完全来自学校内部，那么花园的位置是最为重要的。在这种情况下，花园必须接近现有的教学活动区域。布置在视线之外或者远离教室的花园，肯定是很少会被使用到的，只有花园的死忠粉会去那里，或者向老师施加一些室外的活动任务来增加对花园的使用（而这会让老师们觉得建花园是个馊主意）。所以在开始的时候，建设小规模的花园并且靠近教室，这样花园就可以得到孩子们和教职员工的照顾，在课堂上或课后都可以使用。如果这样的可操作性不强，那么可以考虑在花园旁边建造一个棚架，为孩子们提供室外活动的庇护。

花园种植床的形式将会极大地影响维护的难易程度。抬高的种植床比地面上的种植床要更容易维护，因为后者很容易杂草泛滥。

考虑使用未经处理的枕木、圆形的水箱或联锁块（interlocking blocks）。抬高的种植床能达到更好的排水效果。铺装或水泥小路要比碎石或草地更容易维护，不过地面处理的决策确实取决于很多方面，如资金、水资源可利用量、热量和反射问题，以及关于花园可以长期使用的承诺等。

学校花园应该像它们所在的学校一样充满多样性，但它们都需要维护。这里有一些通用的花园使用和维护的建议，适用于大多数学校花园。

在校期间

上课日可以保证你在花园活动中获取足够的帮手。花园如何被使用会影响到它的维护和保养，所以让我们首先来看一下在不同的学校中，因各种需求和资源而产生的花园的使用途径。

一个或多个班级的日常活动可以被轻松地逐项登记，并用一个简单的任务轮来加以组织。这个任务轮可以被学校用来调整不同年级水平对应的花园使用计划。

花园中的一些特殊工作可以很容易地与其他领域的课程相连接，这些可以写在任务轮的同一个花瓣里，适用于所有的班级、年级，或者这些任务可以交错排列。下面的这个例子展示了9种不同的活动，当然你也可以有你自己的选择。

通常，一所学校可以由一个花园使用计划开始，然后经过一段时间发展成另一个计划。拥有花园长达30年或更长时间的学校，已经经历了花园发展的不同阶段，并且他们通常能预见花园的不断发展，走向未来。

77

最初的使用总是依赖于建立的原因和动力。出于以下原因，它可能会改变，也许会多次改变：

☽ 教职员工工作移交（特别是当校长移交工作时）；

☽ 对于花园空间的新的使用需求；

☽ 通过拆除教室获得新的土地；

☽ 新的政府举措（可持续学校、健康饮食、水智慧等）；

☽ 失去对花园建设倡议的支持；

☽ 课程改变或教育部门提出的教学要求的改变；

☽ 来自社区居民的要求，他们认为对于孩子来说学习成绩才是重要的；

☽ 社会转变；

☽ 清洁、新鲜的食物的可获取性；

☽ 用水限制；

☽ 教师培训；

☽ 技能和知识的结合。

花园使用计划

1.学校花园与社区花园相结合

在学校花园中拥有或附带一个社区花园是很好的方法。社区常常希望建立一个花园，却苦于没有在某个特定地点获得土地的途径。学校往往处于社区的中心，而且拥有可以用作花园的土地。对于这个空间的分享可以涵盖上学和放学期间，与我们前文提到的花名册一样简单易行，也可以将其中一个部分用篱笆围起来，仅供学生在校期间使用。

如果社区居民对于学校花园的兴趣不是很大，那么最初可以建立比较小规模的花园，随后先提高参与性，再拓展花园空间。只有学校和更广大范围的社区之间保持良好的关系，并且有专门的推动者和引导者参与其中，这种合作关系才能存在。

在任何一段时间内，这个花园可以由二者中的任何一方来运营管理，或者都参与管理，这让花园有很好的机会获得长效的成功。对于花园的持续存在抱有信心，使得老师们能在有保障的情况下，将他们的计划和活动时间投入到与花园相关的课程里。一旦老师们确认花园是有未来的，他们就必然会加入其中，想出很多令人赞叹的课程来，并且让他们的学生以一种全新的激动人心的方式来体验这些课程。这些工作反过来也保障了花园的维护和未来。

2.作为家长（园艺专家）来访基地的花园

在许多学校里，有一个区域专门用作这样的花园：每次，一名或多名家长可以带着几个孩子在花园里开展工作。我的朋友就这样做了几年，他最初是一名志愿者，建造了非常丰产且繁茂的花园（花园遗留至今，处于"潜隐期"），这个花园对于在室内教学中存在行为问题的孩子非常有价值。因此，我的这位朋友受雇于一项由政府出资的计划，专门针对在学校中有行为问题和弱势的孩子群体。

这在一段时间内取得了很好的效果，他负责指导的孩子在户外工作或在教室上课时，很少或完全没有了行为问题。但没过多久，其他孩子就开始怨恨这种特殊待遇，因为这看起来像给予那些在课堂上表现顽劣的学生的奖励。所以，花园就扩大了接待对象，允许一名老师带领几队孩子与家长助手一起在花园里工作。这个独特的学校花园就这样完成了潜隐期和活跃期的交替，同时由家长担任花园的协调员和访问园艺专家。

访问专家一般会：

☽ 与小团队一起工作；

☽ 保证花园维护良好；

☽ 为感兴趣的老师们提供一些举办活动的想法和建议；

☽ 支持老师们在花园中开展教学工作。

无论是老师和一些孩子在教室中而家长／专家和另一些孩子在花园中，还是老师和家长都在花园里与整个班级在一起，都取决于学校的特定情况和家长的技能基础或资质。

这个花园可以快速地投入使用，也可以很容易地关闭停运，这些都是因为最初的优秀的设计。感兴趣的老师和热心的家长对基础设施有着充分的了解，所以花园可以随时发生变化，以应对上面列出的任何带来变化的情况。

对于这座花园的维护，将由家长和接受指导的孩子们完成，也可将此作为他们花园体验的一部分。不过，这仍然是一个只关乎园艺的花园，而园艺活动是在学校的教学活动之外的，并且这只是一个拓展，并非每日室内课堂学习的一部分。

3.作为园艺俱乐部的花园

这种情况是当花园在一周的某个特定时段，被当作多种课外活动的一个选项，就像体育、艺术、工艺、体操、创意写作等一样。这项每周都有的花园工作，常常参照午餐时间，在协助人员或值班老师的监督下进行。（如果这个花园不在负责监督操场安全的老师的视线之内，这个额外的园艺时间就需要额外增加一名监督老师，这会使得花园在登记在册的管理教职员工中间不再受欢迎。）这个系统在一些学校中运转多年，虽然非常有价值，但从未展示出其与课程链接后全部的教学潜质来。

花园俱乐部可以是一个不错的解决方案，它让一个花园处于"持有状态"，并保证设施保存完好，直到大家意识到其完整的教学潜质。

4．作为学校食堂供应方的花园

（1）这对于学校来说是一项令人激动的提案。为了应对年轻一带澳大利亚人不良饮食选择的现状，由斯蒂芬妮·亚历山大（StepHanie Alexander）在最近一段时间里提出并推进了这个想法。厨房花园基金会的成立意在"通过在小学阶段参与种植、收获、准备以及分享健康食物的活动，让新一代澳大利亚人形成终身的更为健康和快乐的饮食习惯"（厨房花园的故事06/07年度报告）。

该基金会已经在很多小学成功建立了厨房花园，最初横跨整个维多利亚地区，那里的人们缺乏对自然界及食物由来的知识，这些都证明了当地对它们的需要。现在看来，这个最有价值的教育运动不断发展壮大，在其他州也已经可以感知其带来的影响。

食物滋养和维持着我们的生命，而所有的孩子及社会本身都与这些食物的源头逐渐疏远，家长和老师们试图帮助孩子与他们简单的需求连接，并使他们能够长期获得最好的生活品质。

即使一个学校无法提供完整的演示厨房和就餐区，孩子们也依然可以通过种植香草和蔬菜来与他们的食物来源建立联系，这些蔬菜可以在校园里种植、分配、食用，具体操作方法如下。

（2）班级可以在放置于走廊的种植盒或者朝阳的花盆中种植沙拉蔬菜、烹炒蔬菜或者披萨蔬菜。这些种植的产出可以用于课堂中，该课堂可以与其他领域的课程有一定相关性，也可以没有。户外的烹饪设备可以用来制作食物，或者将电炒锅等设备接入教室。

（3）这些产出可以进入食堂，用来准备健康午餐。

（4）可以将这些产出的蔬果放在学校门口摆设货摊，这样当爸爸妈妈来接孩子的时候就可以在校门口带走新鲜的蔬菜了。

（5）孩子们可以把从学校花园里学来的种植技能和一些种子或扦插的枝条带回家，与父母或祖父母一起种植并制作真正新鲜、健康的食物。

在贫穷的第三世界里，很多学校花园为成长中的孩子提供了赖以生存的新鲜食物。在这些地区，花园是给予孩子们学习能量的必需品。而在富裕的国家，越来越多的孩子显然被另一种形式的营养失调所困扰——他们摄入了过多且无用的热量。没有了新鲜、洁净、健康的食物，孩子们无法完全发掘出他们在学习、成长或者体育运动中的潜能。

5.食品生产或市场花园

如上文所述，一些学校需要向学生们供给食物，所以必须种植大量且品种丰富的蔬菜和水果。而更大的学校花园甚至能够用他们的产出来供应当地的市场和餐厅，这恰好可以用来教授数学，因为这里会涉及预算和营销。这种真实的经济情境为高年级的学生提供了宝贵的实践经历。

一座花园能获得怎样的产量和收益呢？这取决于杂草管理、种植制度以及确保花园在学期中得到良好的打理，并且能在放假时关闭。不过，如果花园真的非常高产，那么在假期可以由他人接手来让这些收成派上用场。

6.作为文化庭院的花园

这在多元文化社区中的学校里很受欢迎。除了那些在办公室和图书馆大门上用26种语言书写的"你好"之外，很难有什么一看便知的标志能够展现这里的孩子来自不同的文化背景。在一些情况下，这类社区会变得非常分裂，极少会有基于种族宽容来加深相互了解的文化互动。

学校花园能提供一个文化交集点，让各个社区向学校花园贡献出他们的传统食物和种植技术。有时候对于爷爷奶奶们来说，这可能是参与到社群中并以渊博的知识被人们记住的唯一机会，他们还会因为能与学校社区的其他成员分享他们独特的文化历史而受到尊敬。很多老人勉强使用英语作为第二语言，他们可能算术不好，或者词汇量太少而难以描述。所以他们通常很难参与到绝大多数的教学支持活动中去，但是在花园中，他们变得非常了不起、自信和权威。

一些学校针对不同的文化有不同的种植区域，因为植物需要不同的温度和湿度。从设计的角度来说，把种植区域分开是更加简单易行的。但是又需要一个中心区域，这样所有的参与者可以在一起会面，并且分享种植心得和一壶好茶。这个区域同样可以起到户外厨房的作用，拥有一个黏土（或其他材料的）烤炉，来演示不同的烹饪技巧和这个场地的功能。这里是孩子们聚集在花园里向老人们求教、庆祝丰收或他们自己的特殊节日的地方。

这种花园的维护制度将类似于拥有家长专家的学校社区花园。所以可能会有各种各样的使用计划同时运行。文化花园的红利在于有更多的机会与室内教学产生联系，尤其是在文化研究的方面。

通常在课堂上很难对其他文化有所感知，因为在这里书籍、电影和来访者是通向世界的唯一的窗口。与来自另一种文化的人一起工作、种植、筹备和享用不同寻常的食物，这种真实的经验对儿童来说是非常有意义的和令人难忘的。他们将会有很多机会看到文化之间的差异和相似之处，看人们如何思考和处理事情，这可以引导孩子们理解普遍的需求及全人类的希望和愿望。

文化花园还提供了一个机会，让孩子们能够了解到对资源的获取、气候、语言和传统对于今天的人们思考和感知的影响。

由于社区的承诺和文化花园所传达的信息及其在课程中的重要性，这种花园有机会从政府和学校社区或更大范围的社区吸引资金。这意味着它有很好的机会来进行合理的规划、优质的建造和维护，并因此常葆生机。

澳大利亚人的特别文化花园——丛林食物花园

不管学校里是否有原住民的孩子入学，丛林食物花园[22]都是澳大利亚学校中的重要组成部分。当地的"丛林食物"植物肯定会在你的区域里生长良好，只要给它们一个击败杂草和混凝土的机会。本土花园是一个吸引当地原住民居民的好机会。这通常会和原住民建立连接，原住民的艺术、历史、手工艺和故事都能以花园为中心介绍给学校的孩子们。

7. 专业的花园老师

有些学校选择让一位教学员工成为专业的花园老师。他们可能经过了其他的特别训练，如体育、音乐、图书馆或者一门外语。学校雇用他们来开发并传递与其他课程的老师和（或）与学校整体规划文件相关联的花园课程计划。取决于不同的学校，这名花园专业老师可以主持和推送在花园里的或与花园相关的课程。或者他可以与老师们一起开发跨越多个课程领域的学习单元。

花园的维护需求成就了花园里的活动。在多数情况下，这位老师会对花园做一整年的计划，并制作一个班级轮换使用名册，以便任何花园养护工作都可以分摊到所有课程中。对于与孩子们一起学习园艺技能的教师来说，花园专业老师是一种有力的支持。这种指导和支持，可以使任课老师在室内工作和花园活动之间建立起所有重要的连接。

8. 单个班级的花园

对于一位热心的老师，当他了解到儿童户外活动的价值时，这会是非常简单而有效的。一名教师可以接管一个靠近教室的花园或学校里一块存在问题的区域。同样地，维护将来自各种活动。如果老师离开学校，那么这个花园可以恢复到由照料校园的绿化工人来打理。我曾在不同的时间里打理这类花园，并发现诸多好处，哪怕只有一个窗台种植盒或者室外的盆栽。

9. 用于校园整体计划的花园

在这种令人激动的情况下，学校花园的价值被许多或绝大多数教职员工所认可，他们一起规划了一系列围绕学校花园开展的教学体验活动。他们具体是如何操作的，在讲述课程的章节中会有所描述。

最后只需要说，这些花园只有被看作学习的地方，才有机会被很好地使用和妥善地维护。

班级可以预定进入不同的花园教学景观，由他们正在进行的工作单元需求决定。他们可能会与其他班级共同管理这片空间，或者独占几个星期或一个学期。花名册可由花园专业老师、家长支持者、有兴趣的老师或校长来进行统筹。如果在整个学期中没有专门的团体使用某一个区域，它就可以被关闭，具体方法可以遵循在假期维护花园的建议。一旦老师们意识到花园可用于学习，并不会成为一种负担，他们就更可能参与进来并支持户外学习计划。

假期维护

在澳大利亚，每年有40~42个教学周和10~12周的假期。虽然假期制度在不同的教学系统、国家和半球会各不相同，但所有的学校存在一个共同的挑战，那就是如何在一年四季的假期中维系学校花园。在澳大利亚，最大的挑战是夏天的圣诞假期间炎热的6周[23]。如果你的学校能让花园熬过这段时间，那么在温和季节里的短假，都是很容易处理的。让我们先来看一下问题最大的这一个。

漫长而炎热的圣诞假期
（或者其他国家的暑假）

澳大利亚的学校在12月中旬结束课程，然后直到1月末或2月初才开学，因此以下列出的一个或多个策略可能会派上用场。

关闭花园

这在朴门永续设计的章节中描述过，基本包括以下内容：

1.种植一种可以作为堆肥材料或将被埋入土壤的覆盖作物。这种作物可以是起固氮作用的任何豆类，如豇豆（cow peas）、木豆（pigeon pea），也可以种红薯（sweet potato）。任何园艺商店都能就你所在地区给出最好的夏季覆盖作物建议。切勿使用任何可能成为杂草的植物作为覆盖作物。当使用薄荷（mint）或其他有着顽强根系且侵占性强的植物时，切记将它们安置在不会与一年生或多年生植物产生竞争的地方。

2.在花园里种植拥有顽强花朵的植物，如万寿菊（marigold）和雏菊（daisy）。当新的学年开始，会有一片盛开的绚丽的花朵，对重返学校的老师和学生表示欢迎。

3.将绿肥、修剪下来的碎枝和其他花园中开过花的植物堆叠在一起，并在顶部盖上厚厚的干草，

在6个星期内将花园变成一个堆肥蚯蚓农场。当开学时花园已经准备就绪且非常肥沃。这样就能在6周内保持整洁，但不要在开学后还把它放在那里太长时间，应该提出申请并重新开始种植。因为当覆盖物分解，任何落在这里的种子都可能会发芽。

4.将整个花园用织物覆盖起来并扎牢固定。你可以使用一个非常厚实致密的遮阳布、杂草垫或麻袋。在抬高的种植床上这样做是最好的。

5.种植罐或种植环可以用圆木盖关闭花园，圆木盖的直径要略大于种植罐，或在花园区域增设盆栽工作区。（使用软管或木材扣件，以确保盖子密封，且盖子在被用作工作台时不会滑动。）

6.可以给这些圆木盖涂上鲜艳的色彩，在不用的时候挂在平淡乏味的墙壁上。这种带盖子的花园可以装满绿肥和蘑菇菌种，这样当你重返花园时，就可以收获一园子的蘑菇和真菌块了。（确保在这个种植床内工作时或打开这些排气的盖子时，大家都佩戴了口罩，因为盖子下面的这些霉菌和真菌，可能会对一些孩子产生刺激。）

寻找花园的替代使用者

1.把植物拔出来作为覆盖，离开花园让其休耕。然后鼓励假期护理的团队，在接下来的6周里使用花园作为他们活动的拓展。他们甚至有可能想要在你把花园丢到一边时接手管理。通常对于来此度假的孩子来说，能进入一个花园里，可以在花园里面种植并能用从花园中收获的食物来准备饭菜和小吃，是多么令人兴奋的事情呀。只要你很清楚地知道要在新学年的花园得到什么，那么假日共享计划会是一个非常令人满意的解决方案。

2.种植一些可供在假期工作的清洁人员采收的植物。我种了黄瓜、西瓜和一些亚洲蔬菜，不过其他区域可能会种西红柿和其他作物。即便清洁人员不会采收蔬菜，这些植物也能保证极少的野草入侵你的花园。

3.可以请求邻居也关注一下花园，并让他们从花园中采收一些食物，用这个作为额外的奖励，让他们愿意定期地照看花园。

4.也许当地热心的园丁、家长或对自给自足感兴趣的教师，可能想要在学生减少使用花园的这几周里，利用花园为当地人开展一系列工作坊。只需要让他们知道，什么时候你将再次使用花园，以及归还时花园需要展现的状态即可。

5.学校高年级的学生、甚至附近中学的学生，可能会在这段休息期里使用花园来完成一项特殊的计划。关于这种类型的使用会存在安全性及使用权问题，作何决策将取决于具体情况和你所在州的学校或教育部的政策。

简单地让花园自生自灭

另一种选择是让花园去"撒野"，并将用来恢复花园的工作作为花园养护的课程。通过这种方式，你可以展示一个精心设计的花园是如何快速恢复到丰产的状态的。

❀ 通过割草和拔除杂草，在原有种植床的位置建立一个不翻耕花园，你可以在短短几个小时内完成种植。

❀ 把鸡引入场地，并且作为耕耘鸡工作一个星期。

❀ 通过发动大量刚刚从假期归来、愿意加入的人手，一起清除杂草，把它们变成堆肥，并加入成熟的堆肥来替代失去的营养。

如果你能掌控好暑假，其他季节就容易多了。

秋季假期

接下来的挑战是一个较为简单的季节，这就是南半球的秋季假期。由于复活节随着月份而变化，很难有一个确凿的日期，但一般是在3月底或4月初的某段时间，所以在澳大利亚，我们一般指的是秋季的两个星期。

1.草莓可以在假期前就在花园里种植好。你可以在假期前给老的植株分株（草莓的块根至少每三年就需要进行分株，并进行重新种植，否则就不会再结果），并且在学期结束前的最后一周种植完成并充分浇水。如果你期望有一个好收成，那么至少确保能在澳新军团日[24]前完成所有植株的种植。

2.种上菊花，这样它们就将在5月母亲节时盛开。如果你能在两周的时间里腾出这些空间，那就让它们长满整个种植床。

3.参考种植指南来选择种植品种，并且把下一个学期初的教学单元记在心上。例如，秋季是大部分地区种植地中海蔬菜的好季节，所以也许可以在假期前种植一个披萨花园。

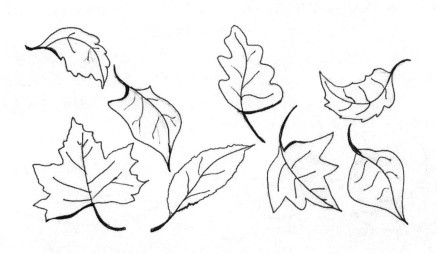

冬季假期

在澳大利亚，这些节假日会在6月或7月之间，各州有所不同。由于较短的日照时间和更低的温度，在这个假期，即使不闻不问，花园也不会失控地疯长。

1.在温带地区，这是冬季蔬菜的丰收季。只需要确保你的花园种植密集，且都做好了地面覆盖（不需要太厚，如果你预期有霜冻的话），这样就会有一个好收成。

2.在热带和亚热带地区，这是你种植欧洲蔬菜的最佳时机。在夏季你的花园更适合种植亚洲和热带蔬菜，但凉爽干燥的季节给大量的欧洲蔬菜提供了生长的机会。所以一定要确保它们在假期前完成种植，并且在放假期间如果有必要的话，可以让人一周给它们浇两次水。

3.种植一种固氮作物，如紫花苜蓿（Lucerne）或三叶草（clover），然后在开学后把它们埋入土壤中。

4.当然，你也可以关闭花园或使用其他假期的策略。在假期里唯一的风险就是反常的天气，比如没有降雨的高温天气、干燥的风或霜冻。如果这正是你的学校所面临的情况，那么好的应对方法将会奏效。你可能已经种植了防风林进行保护，或者将花园选址在校园中的一块高地。如果你确实对霜冻有所预期，那么可以采用石墙或砖墙，在这些情况下它们可以通过自身的热质维持和保护一个小角落的舒适。浆果和核果、甚至柑橘可能更喜欢较冷的位置。

春季假期

这是澳大利亚9月和10月间的假期，在春天所有人都喜欢待在花园里。

1.这个时候开展工作坊是一个可行的选择，以此保持花园的运转。

2.如果不开展工作坊，那么花园很可能靠自己就长得很好。

3.让旱金莲（nasturtium）或这个季节里其他强韧的花卉开满花园，这个建议是想要在这段假期中丰富花园色彩。只要确保在你想把花园重新投入生产时，将它们清理干净且不会再重新长回来占据主要空间就可以了。

4.在制订花园的种植或休息计划之前，再次查看当地的种植指导手册，并且为接下来的学期选择组合元素。

花园保安

有些学校所处的位置可能的确让它们很容易受到游手好闲者的关注，并让人担心破坏者的入侵。这是整个社区的问题，往往在当地校园里得到证实。

这种情况绝不应该成为建设花园的障碍。在考虑围栏阻隔之前，应将花园安置在一个小而深受喜爱的地块。通常这部分花园不会被侵扰，而学校中"较为困难"的区域仍然是被破坏的目标。多数情况下，围栏常用于阻挡丛林火鸡和对鸡舍紧密关注的狗。另外，篱笆也可以是有用的生长结构并且可以用来限定区域。

虽然栅栏是有用的，但花园最好的守卫仍是关心它的人。如果一个花园受到大家的喜爱，并且由孩子们、他们的家人和邻居共同照看，就可以躲避破坏者的负面关注。

Part III

卡罗琳·纳托尔

户外教室规划

对孩子而言，能在户外学习是一个令人兴奋的好消息。如果我们能放手将"校园"交给孩子们，那么这个"校园"里的儿童游戏区可能会有动物漫步其中，有丰富的植被，更少不了玩泥巴的地方，还有流水潺潺的小溪以及可以爬树攀岩的地方。因此，这个"校园"可能会成为一个非常自然的野地儿，有着瞭望台、洞穴、小木屋、秋千、树屋、森林、田野等。

试着想想，如果我们能创造孩子们热爱的户外环境，将其发展成户外教室，那么孩子们不但能在那里玩耍，也能在老师的带领下，学习科学、历史等各个学科。

学校里的花园是一个很好的例子，也许它是最重要的户外教室示范地，但我们不该将户外教室局限于校园中。我们可以将户外学习的概念延伸到其他可能的户外教学场地，这样一来，老师们就有了更多的户外教学资源，同时弥补了孩子们缺乏户外游戏场所的缺憾。

在本章中，我将首先介绍户外教室的设计概念，包含其目标、形式和功能、结构及构筑物等；然后将介绍户外探索型教室的种种奇思妙想。

设计概念

户外教室是校园场地开发的设计概念之一，也是在校园建设中强化与重视户外学习的利器。户外教室解决了有关教学实践的问题，满足游戏需求，协调整体的环境与建筑物规划，提倡生态环保理念。

户外教室规划推翻了校园只作为运动及游戏场地而教学就该在室内教室进行的传统观念，有意识地赋予校园新的功能与形式。

户外教室规划的目标

- 重视校园环境，将这里作为儿童身心发展的适宜场所；
- 将户外环境与教学有机结合；
- 有意识地将教学资源运用在户外环境中；
- 改善户外环境品质；
- 扩大游戏区的范围；
- 解决儿童缺少自然游戏场地的问题；
- 将儿童与自然世界连接；
- 提供跨学科、非特定学科的学习模式。

户外教室是用于校园发展的设计模式，在设计上可以有各种各样的形式，但是必须满足共同的功能：

- 作为老师的教学场地；
- 作为孩子们的游戏场地；
- 鼓励儿童的探索与好奇心；
- 引导儿童自主学习；
- 增加创作研发的机会；
- 让学习变得有互动性且本地化；
- 将课程与户外活动相结合；
- 混龄的团队工作能让户外空间在各年级间传承和持续；
- 提供儿童与环境景观的互动机会。

户外教室的形式

户外教室形式多样。举例来说，有些是拥有植栽、岩石、流水等景观元素的自然场地，有些则是拥有永久构筑物的人工建造场地。大部分的户外教室兼具自然及人工两类元素。

合宜的户外教室应该奉行"少即是多"的设计理念。"留白"的设计让儿童能够发挥想象力，完成属于他们的空间。极简的元素组合，提高了户外教室的使用安全性，也更容易维护。

局限与可能

校园环境往往既呈现局限性，又体现发展的可能性。无论从哪个角度来看，校园都不应该是整齐划一的。用作户外活动的校园场地，是许多因素的具体呈现，包括最初土地选址、周围的发展与人口、政府部门的措施及开发商的需求。

有可能校园的面积很小，却要满足许多儿童的活动需求。另一个极端是，校园广阔却只拥有极少的学童，并且管理维护资源紧缺。有些学校发展迅速，建筑物不断扩张，占据了原先的游戏场地及花园。有一个位于布里斯班的学校，校园土地竟然被开发商盖了大型运动场。

空间是校园发展的关键，然而气候、地形、建筑风格、学校历史同样需要被列入设计考虑要素。其他的考量因素包含儿童的特殊需求、教师响应户外教学的积极性及预算限制。

由于校园选址和场地的多样性，本书中呈现的是各种奇思妙想的可能性组合，希望有一天能以某种形式在某地得以应用。

设计师

校园的再设计要能够真实反映和解决校园原有的问题。一般而言，这些问题的收集不属于校方职员的工作，学校通常会雇用专业设计师来从事校园设计。设计师必须尊重学生与老师的意见和反馈，并融入校园设计当中。老师与学生的意见对教学式景观的塑造非常重要。

一些必须被讨论的关键问题

户外空间如何被分割成不同的范围？

🐜 各个空间区块彼此间的关系是什么？与建筑物的关系是什么？

🐜 哪些自然形态会被包含进来？需要哪些构造物、建筑物？

🐜 儿童与教师如何使用户外教室？

🐜 户外教室可以发挥哪些教育用途？

🐜 户外教室在审美和启发性方面可以提供什么？

🐜 户外教室可以提供哪种水平的环境品质？

🐜 户外教室可以提供哪些户外游戏？

🐜 儿童与户外教室如何产生关联？

🐜 造价多少？

基　地

基地是户外学习的中心枢纽区，是老师和班级的聚会场所和活动中心，从基地再前往其他活动区块。因为这是整个户外教学活动的中心集散地，因此必须是一个舒适的、遮风挡雨的场所，让老师和孩子都喜欢来。

根据这个定义的意图，我选用了"基地"这个词来代表这个场所。它可以是一间户外教室、一个棚屋、一棵大树或其他能满足"基地"意义的任何场所。小孩子喜欢为基地取各式各样的名字，他们可能只有一个基地，也可能有多个基地。只要被认定为基地，它就是一个大家都喜欢聚集的地方，一个供孩子们学习的户外教室。

基地可能是任何形式的人造构筑物或天然的场所。最简单的基地可能是一棵大树，架在几棵桉树间的雨棚，或废弃船帆下撑起的空地。而一个理想的基地是有目的性的永久性构造物。

基地应该大到足以容纳整个班级的学生，舒适度是非常重要的因素。如果可能的话，让每一个学生都能舒适地坐在椅子或凳子上，最起码坐在地毯或垫子上。

老师的声音应该能在室外及基地被清楚地听到。基地的环境和设施应该能自然而然地让孩子们待得住。当孩子们清楚他们的工作后，可以分组展开活动，活动后也很容易再集合。老师们应该能独立使用户外教室，完成教学任务。

基地的功能仰赖于构造物的类型。构筑物越充实，功能就越齐全。举例说明，可以利用铁皮屋顶或屋瓦来收集雨水，用以灌溉花园，这个雨水花园就可以成为一个很好的基地范例。

一个带有长桌或长凳的基地，会成为一个各种活动的工作站，不管活动是乱糟糟的，还是干净整洁的；不管是艺术创造、手工作品、盆栽种植，还是和一群好友听着音乐吃晚餐。

基地可以是一个卖农产品的小店、练习音乐的小屋，或家长们在运动会上摆摊的地方。如果基地是舒适的，那么不管老师还是孩子，都会找到许多理由去上户外教学课。

孩子们会希望用他们创造的工艺品来装饰他们的基地，也可以用竹子、椰子壳、枝条或藤条、陶土或其他天然的素材来装点基地。

适合任何学校的户外教室

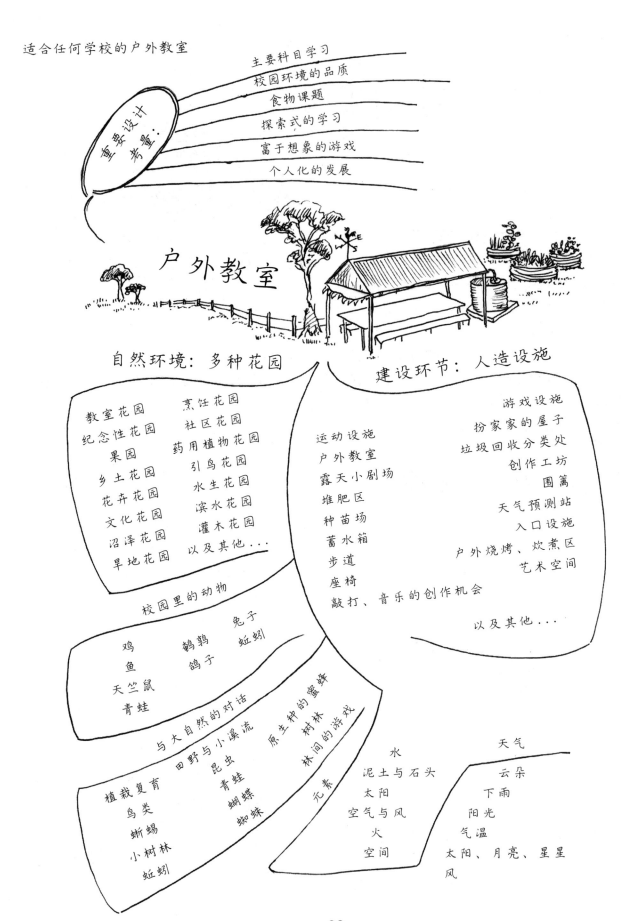

重要设计考量:
- 主要科目学习
- 校园环境的品质
- 食物课题
- 探索式的学习
- 富于想象的游戏
- 个人化的发展

户外教室

自然环境: 多种花园

教室花园　　烹饪花园
纪念性花园　社区花园
果园　　　　药用植物花园
乡土花园　　引鸟花园
花卉花园　　水生花园
文化花园　　滨水花园
沼泽花园　　灌木花园
旱地花园　　以及其他...

校园里的动物

鸡　　　鹌鹑　　兔子
鱼　　　鸽子　　蚯蚓
天竺鼠
青蛙

与大自然的对话

植栽复育　田野与小溪流　原生种的蜜蜂　树林
　　　　　昆虫　　　　林间的游戏
鸟类　　　青蛙
蜥蜴　　　蝴蝶
小树林　　蜘蛛
蚯蚓

建设环节: 人造设施

游戏设施
运动设施　　扮家家的屋子
户外教室　　垃圾回收分类处
露天小剧场　创作工坊
堆肥区　　　围篱
种苗场　　　天气预测站
蓄水箱　　　入口设施
步道　　　　户外烧烤、炊煮区
座椅　　　　艺术空间
敲打、音乐的创作机会

以及其他...

元素
水　　　　　　天气
泥土与石头　　云朵
太阳　　　　　下雨
空气与风　　　阳光
火　　　　　　气温
空间　　　　　太阳、月亮、星星
　　　　　　　风

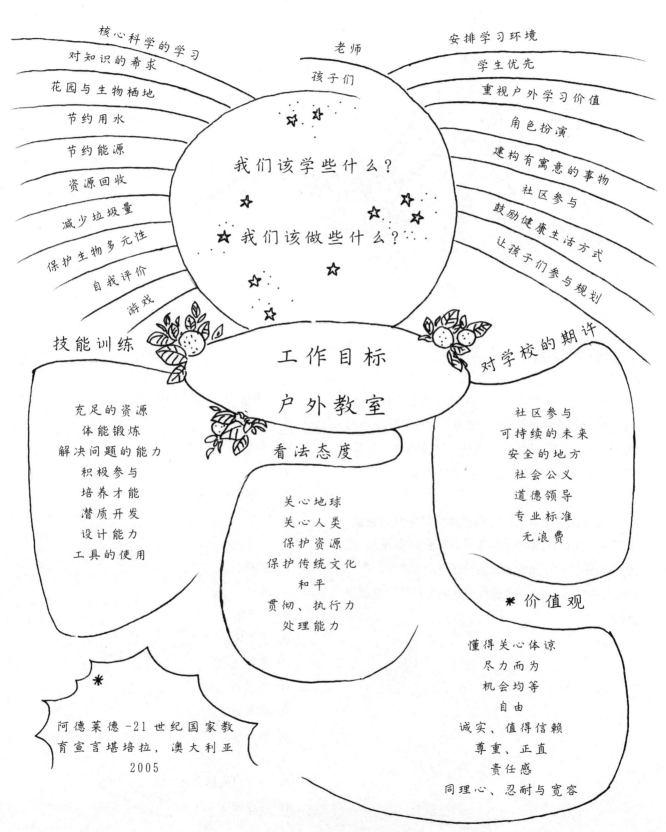

户外教室的工作目标

核心科学的学习
对知识的希求
花园与生物栖地
节约用水
节约能源
资源回收
减少垃圾量
保护生物多元性
自我评价
游戏

老师
孩子们

我们该学些什么？
我们该做些什么？

安排学习环境
学生优先
重视户外学习价值
角色扮演
建构有寓意的事物
社区参与
鼓励健康生活方式
让孩子们参与规划

技能训练

工作目标
户外教室

对学校的期许

充足的资源
体能锻炼
解决问题的能力
积极参与
培养才能
潜质开发
设计能力
工具的使用

看法态度

关心地球
关心人类
保护资源
保护传统文化
和平
贯彻、执行力
处理能力

社区参与
可持续的未来
安全的地方
社会公义
道德领导
专业标准
无浪费

✳价值观

阿德莱德-21世纪国家教
育宣言堪培拉，澳大利亚
2005

懂得关心体谅
尽力而为
机会均等
自由
诚实、值得信赖
尊重、正直
责任感
同理心、忍耐与宽容

户外探索式教学

基于学校花园和户外教室基地的价值和利益，我们将户外教学的概念延展到包含其他教学景观的设计；将校园景观的用地也纳入学校的教学资源，还将户外教学的概念延展到校园归属感和玩耍的机会上。

并非以下所有的设计都可以通过实践的测试，但了解它们的可能性（并非要立刻付诸实施），是为下一阶段的校园发展收集一些想法和点子。户外学习是一次探险，在此过程中我们可以把学校建设得更好。

户外探索式教学植根于以下几个分类：
- 植物
- 动物
- 水
- 土壤
- 岩石
- 天气
- 空间
- 地形
- 废弃物
- 工作坊
- 音乐
- 模式
- 隐藏的世界
- 历史
- 玩耍
- 花园里的标志
- 在花园里工作

植物

孩子在学校里学习了解到植物是一种生物，它们有的开花，有的无花；有的可以吃，有的不可以吃；有的来自本地，有的是外地引种；它们生长在森林里、树林中、草地上、沼泽里、水（淡水和咸水）里；它们都生活在空气中，需要阳光、水和营养来供应生长。它们的植物结构看起来有相似点，也有不同点，这些会体现在它们的颜色、形状、质地、气味、萌发方式和种子传播方面。

如果这些知识都是孩子从书中学到的，而没有机会进入真实的植物世界，那将是非常令人遗憾的。校园中的花园是一个学习植物的课堂。做一个或更多的小花园，用小花园来填充校园的角落和缝隙，让孩子们尽情享受这些充满想象力的空间。

没有一种植物能在自然界中独自存活。动物利用植物作为栖息地和食物。而许多植物则需要昆虫、鸟类或哺乳动物来给花朵授粉和传播种子。你可以在你的学校花园里观察这些现象。

将孩子带入植物世界，最好的方法就是让他们观察一粒种子从萌发到生长的过程。在你的教室的背阴处建一个小苗圃，帮助孩子们养育花园所需的植物。植物将在教室里幸福地生活，如果你非常热爱植物，那么可以把你的房间变成一个生机盎然的教室，就如94页的那幅插图一样。

活动——在教室里为花园催芽育苗

- 选择颗粒大的种子，因为（对孩子们来说）它们容易拿在手里：豆类是个好选择；
- 用蛋类包装纸盒或卷起来的报纸做小花盆；
- 使用可生物降解的花盆（可以从商店购买）；
- 装满育苗基质混合土；
- 将一个2升的牛奶容器剪开，保留底部约10厘米高，然后将这些小花盆装进去；
- 播种和浇水。

彩虹花园

Geranium 天竺葵　　　　　　红色

Nasturtium 旱金莲　　　　　　橘色

Marigolds 万寿菊　　　　　　黄色

Mondo Grass 麦冬　　　　　　绿色

Cornflower 矢车菊　　　　　　蓝色

Aster 翠菊　　　　　　靛蓝

Lavender 薰衣草　　　　　　紫色

每个学校里都有花园，每个花园里都有学校

菜园是很重要的，因为这里是孩子们学习有关食品问题和健康饮食的地方，所以在一长串的花园名单中，首先要在操场边给菜园安排一个位置。

从下面的列表中选择或者自创一个。

孩子们喜欢整洁有序的花园，但他们也喜欢可以恣意玩耍、到处摸摸碰碰、甚至可以踩踏到植物上去的花园。每个学校都需要一个野生花园，孩子们可以在里面到处疯跑，做一个小屋子，藏在草丛中，或采一些野草插在他们的帽子上。

杰基·弗兰奇（Jackie French）是一位作家，她坚定地捍卫孩子在花园里自由玩耍、不受约束的权利，她还建议要专门种植植物来满足这种乐趣。选择坚韧而强健的植物，如香茅（lemon grass）、麻（flax）、禾本科草类和番杏（warrigal greens）来作为地面覆盖。她还建议种植小树林，让孩子们可以躲在树下并来回奔跑。

并非所有的学校都能为野生花园和小树林提供空间，但也许会有空间给微缩版的花园或树林。

选择一个花园	主题花园	植物	种植目的
不翻耕花园	披萨花园	蔬菜	食物
翻耕花园	胡萝卜蛋糕花园	药用植物	栖息地
曼陀罗花园	树叶花园	观赏植物	生物多样性
边缘/边界花园	芳香花园	鲜花	遮阴
圆形花园	农舍花园	饲料作物	美观
社区农圃	干旱花园	本地作物	烹饪
高床花园	文化花园	外来植物	纺织
下沉花园	——非洲、亚洲、太平洋、原住民、南美	丛林食物	玩耍
螺旋花园		橄榄	修剪整形
种植罐花园	字母花园	葡萄	种子
容器花园	招鸟花园	禾本科草类	文化
窄的种植床	引蝶花园	野花	社区
宽的种植床	彩虹花园		
垂直种植	有刺植物花园[1]		
棚架种植	果树花园		
锁孔花园	葡萄园		
水生花园	香草花园		
湿地花园			
树篱			
盆景			
田野			
草地			
稻草包			

花园细节

入口名称	拱门	篱笆	标志	标牌	帐篷棚架
玩具小屋	小路	回转式独木舟	座椅	座椅	大门
稻草人	造型修剪植物	造型修剪植物	鸟浴池	壁画	壁画
风铃	风铃	铃铛	日晷棒	日晷	太阳日历
风车	旗布	招鸟箱	蝙蝠箱	负鼠箱	土地神
旗子	主景树	主景石	池塘	许愿井	仙女小屋
盆栽植物	家蜂	风向标	雕塑	防风林	堆肥堆

生机勃勃的教室

"研究表明，在办公室工作的人会对室内植物报以正面的反馈。人类与植物关系的研究表明，植物能帮助提高生产力、减少压力并使人进入放松的状态。"

C·泰特，得克萨斯州，1993

教室里的植物会对课堂上的孩子有同样的功效吗？

关于植物的知识会因屋里的真实植物而更容易接受吗？非植物教学内容的吸收会因屋里有植物而受到干扰吗？

悬挂植物 萌发的种子 罐中的新芽 盆栽 仙人掌花园
葫芦乐器 空气植物 参考书目 玻璃箱苔藓微景观
种子银行 手套 显微镜和切片 鼠笼 喷泉雕塑
恐龙和火山演示 电脑 水族箱 蘑菇农场 盆栽

94

丛林食物—学校的乡土花园

1 番杏
2 红薯藤
3 刺叶树+彼得松薄子木
4 本地树莓+墨西哥菝葜藤
5 澳洲指橘
6 银桦属+山龙眼科蒂罗花属
7 夏威夷果

8 黑棕榈
9 剑叶百合或矛花
10 袋狸浆果
11 戴维森李子
12 金合欢
13 桔梗兰+覆盆子
14 贝尔浆果+苦槛蓝属植物

献给老师的花朵

沿着步道或墙边而建的香气扑鼻的花园，能令孩子感到愉悦。这些花园会引起孩子们对花朵和香味的注意，并让他们意识到花儿在我们和其他动物的世界中扮演着什么样的角色。

在过去，孩子们会带着花儿来到学校。老师们经常会收到从家庭花园中采收的新鲜花束。教室里总是有开满鲜花的花瓶用作装饰，老师们也常用银纸包裹花骨朵做成胸针，别在胸前一整天，甚至在放学后忘了摘下来就去购物。

然而时光不再，成年人也更倾向于买花而不是种花。教室的花瓶也常常是空的，但孩子们能通过为教室种花来复兴这一花卉传统。

孩子们可以探索人类和其他动物使用花朵的方式；也可以探寻启发诗人和小说家的花语。

在我们的世界中，花朵在诉说着一种大家都能理解的语言。在我们异常幸福或深深忧伤时，我们会用花朵来表达自己。我们用花束来庆祝婴儿诞生；用花束、胸花、花瓣和盛开的鲜花来祝福新婚。玫瑰诉说着爱，绽放着浪漫；而在悲伤的时候，我们会给病人献花；我们也会在墓地旁边悲痛地放上花束。

花朵，是植物短暂的特征、甜蜜的来源，它们短暂地绽放一小段时间，是为了让昆虫用它们敏锐的嗅觉找到食物，并且顺便帮忙传粉和播种。收集种子在来年播种，与孩子们一起探索"植物—花朵—种子"的奇妙循环吧。

为了便于频繁光顾，要让花圃紧挨着教室，选择一个种植主题并且给花园起个名字。孩子们喜欢彩虹花园、童话花园、农舍花园以及有许多大型植物（如向日葵和蜀葵）的花园。对于喜欢研究的孩子，ABC花园很适合他们——A是紫菀（aster）、B是风信子（bluebells）。无论什么样花园，植物杂乱无章或者玫瑰排列成行，孩子们都会喜欢的。

伴生作物

所有的植物和动物都会散发出气味和油脂。园丁会好好利用强烈的植物气味来驱散和吸引昆虫。

所谓的伴生作物，就是在种植床上用一定的种植方式来掩盖某种作物的气味。在一定范围内的每只蛾子和虫子都会闻到校园里的包菜（cabbages），那么最好种植一些韭菜（garlic chives）在它们身边。

园丁的另一个策略是隐藏作物。避免成排种植。最好在蔬菜中间种一些花和香草。

一些伴生作物

🐌 洋葱（onion）、青葱（shallot）和香葱（chive）可以有助于保护花椰菜（cauliflower）、甘蓝（kale）、布鲁塞尔豆芽（brussel sprouts）

🐌 草莓（strawberry）喜欢木瓜（pawpaw）

🐌 番茄（tomato）和罗勒（basil），豆类（bean）和芦笋（asparagu）

🐌 小萝卜（radish）和胡萝卜（carrot）

🐌 玉米（corn）和豆类（bean）

动 物

校园是许多动物安全的栖息地。一些学校能照料大型动物，如牛、羊、鹅、鸭子等，但并非所有的学校都有空余的场地来围设栅栏建农场。

然而，大多数学校能找到一个场地来安置一些鸡、一个豚鼠圈、一个鼠笼、池塘、一个兔子笼、蚯蚓农场、一窝本地蜂巢或者一座鸽子房。而且所有的学校都能通过改善校园环境质量来吸引鸟类、爬行类、昆虫和两栖类，以增加动物群落的多样性。

一些学校围绕一种动物的需求来建设户外教室。例如，一所布里斯班边境的学校在一片森林里，那里是考拉的栖息地。学校保护了这片栖息地，孩子们也针对这种动物进行了专门的研究。

只要条件合适，动物们就会前来住到校园里。有时它们只需要一个遮蔽处。一堆石块、土壤和大大小小的树枝就会吸引昆虫和蜥蜴，而如果种对了树或藤蔓植物，则会吸引鸟儿或毛毛虫前来觅食。

动物完善了校园的生态系统，孩子们在校园之内就可以学习更多关于其功能和产出的知识。

学校花园的招鸟植物

蜜源植物
银桦（Grevillia）
红千层（Callistemon）
木槿（Hibiscus）
白千层（Melaleuca）
哈克木（Hakea）
桉树（Any Eucalyptus）

果实植物
单穗棕（Walking stick Palm）
阔叶假槟榔（Bangalow Palm）
南方省藤（Lawyer Cane）
浆果类植物：
当地悬钩子（Native Raspberry）
异蕊草科（Wombat Berry）
墨西哥菝葜藤（Sarsparilla Vine）
贝尔浆果（Midgin Berry）
果 树：
戴维森李子（Davidsons Plum）
木瓜（Pawpaw）
枇杷（Loquat）
樱桃番石榴（Cherry Guava）
阳桃（Carambola（Starfruit））
蓝色果实的檀香木树种（Blue Quandong）

种子类植物
三齿稃草（Spinifex Grass）
袋鼠草（Kangaroo Grass）
藤草（Cane Grass）
流苏和旗草（Tassel and Flag Grasses）
多须草属（Lomandra）
小桉树口香糖（Mallee Gum）
木麻黄（Casuarina）

水生植物
荷花（Sacred Lotus）
睡莲（Water Lillies）
香蒲（Bullrush）
露兜树（Pandanus）

储水植物
凤梨科植物（Bromeliads）
旅人蕉（Travellers Palm）
鹿角蕨（Elkhorns）
石松（Staghorns）

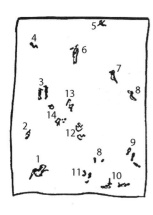

1.笑翠鸟 - 杂食
2.彩虹八色鸫 - 食虫
3.外来入侵的珠颈斑鸠 - 草食性（水果和种子）
4.小型鸟类 - 杂食
5.蜂虎 - 食虫
6.噪钟鹊属 - 肉食（昆虫和种子）
7.彩虹吸蜜鹦鹉 - 果实/花蜜

8.裸眼鹂 - 植食性（果实）
9.雀类 - 种子
10.暨鸠 - 种子/水果（蒙特假槟榔和澳洲蒲葵种子）
11.蓝鹩鹟 - 昆虫/种子
12.黑鸭子 - 杂食性（昆虫/软体动物/杂草）
13.友鹅 - 食肉动物（蜗牛/青蛙/幼鸟）
14.褐水鸡 - 杂食性

校园中的动物棚舍

每个学校都应有水

孩子们在学校课堂上学习水的特性。他们知道纯水是无色无味无嗅的；他们知道水有三种形式：液体、固体和气体，并且所有的生物都需要水；他们会画水循环图，展示出地面和海洋的水被太阳加热，蒸发到云层里，然后冷凝降水；他们知道水在雨林里充盈，在沙漠里短缺；他们还知道水可以用来发电。如今，他们在学习如何节约用水。

孩子们能参与到储存、收集、循环和净化水的战略中。

通过开展园艺活动，孩子们会接触到节水技术：

- 铺设覆盖物来保持土壤中的湿度
- 用集水沟让水流变缓
- 选择巧妙用水（water-wise）的植物
- 统计校园内的用水方式
- 留心用水限制
- 将从一个源头节约下来的水用于其他地方
- 计算出水可以被利用的次数

降水

蒸发

蒸腾作用

渗透

生物储存

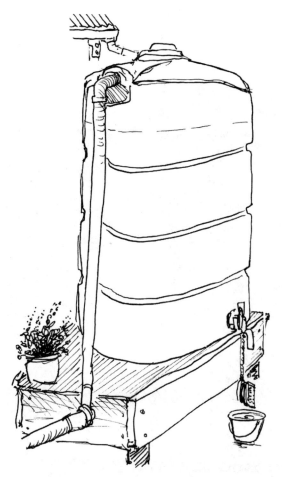

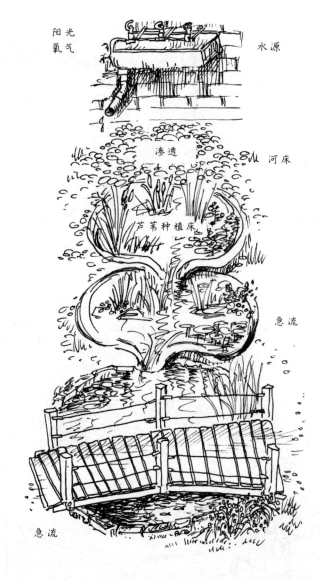

 让孩子们管理存储在水箱中的水来学习水的储存。理想的储水箱是从花园附近的户外教室的屋顶收集雨水的。低于3立方米容积的储水箱会比较适合让孩子们管理。这项计划需要的数学计算，是任何老师都不容错过的教学机会。

建立一条水道来演示水在地面上从河流汇入海洋的流动过程。使用自动饮水器流出的水或者其他溢流出来的水来做这个演示。

从河流到海洋

这个地点是个斜坡，由石块堆积形成一个浅浅的河床。一系列池塘形成了溪流，在这些地方，河流变窄形成急流。芦苇种植在边缘及河床里，用来过滤水中的杂质。急流在通过斜坡时形成跌水，落入下一阶时为水体充氧并浸入土壤中。

水在最低点聚集，等待被后续的水流冲刷出去。矮小的本土灌木和一座小桥会让整个景观看起来更完整。

干涸的河床是校园里最受欢迎的地方。孩子将它纳入他们的游戏中，老师可以用它来证明在大陆的干旱地区，只有当降雨后才会有水流入小溪。

当孩子们开始讨论容量、重力、屋顶收集、储存、径流和再利用时，每一个学校都会拥有一小片水域。

每个学校都应有水

土 壤

土壤来源于岩石，当岩石暴露于严苛天气时就会碎裂成小块石头，小石头又被风和水打磨成更小的碎块。长此以往这些岩石就风化成颗粒，成为土壤的基本成分。

随着土壤形成，植物发芽、生长并死亡，留下叶子、枝干和根系，它们被细菌和真菌分解成有机质。有机质经过一段时间就会让土壤颜色变深并变得肥沃。

孩子们想成为好的园丁就要钻研科学。他们可以做一些简单的实验来分析操场的土壤，这个信息能用于最初花园选址的决定。并非任何时候花园都能被安置在土壤最好的地方，所以孩子们将会学习如何改良花园的土壤，常用的方式是制作堆肥。

一个简单的土壤测试

1.从一个观测点取土，装满半罐。

2.观察它的颜色，闻它的气味，挤压它，数数它里面有多少生物体。

3.给土壤样本加水，然后静置，其中的有机质就会漂浮起来。

园艺中优质土壤的特点：

- 黑土是最好的
- 新鲜的土壤闻起来最好
- 有附着性的较好
- 有蚯蚓和昆虫的较好

从苗圃或五金商店可以买到pH检测套装，用一个简单的实验来确认土壤的pH值，看看它是酸性、中性还是碱性。这是一个比较适合大龄儿童的活动，他们能研究土壤的结构和花园植物最适宜的pH值。

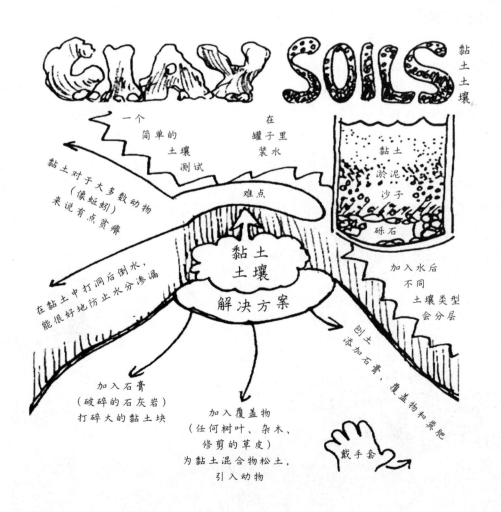

在泥巴地里玩耍

土壤，滋养了植物，同样滋养了玩土的孩子的想象力。要在你的花园里留下玩土的区域。泥巴饼是小孩子最古老的玩法。他们也喜欢在土上玩汽车和卡车，再做出道路和轨迹。

如果你仔细观察，会发现大一点的孩子也喜欢把手弄脏。他们会往土里掺水，制作宏伟的景观，比如山脉、河流、大坝和湖泊。他们会添加道路、桥梁和篱笆，直到上课铃声响起才停止玩耍。

大孩子们可能会探索土砖建筑的建造。让孩子适量从事较为粗重的体力活儿，会让他们变得强壮且能干。

岩 石

岩石总是让我们想到一些事情，诸如需要找一个遮蔽物，想爬到最高点，要划定我们的边界，或者需要坐下来思考我们从哪里来又要到哪里去。

岩石保存着地球最远古的故事。我们通过化石得知生命是如何进化的。

孩子们可以用沉积岩、火成岩和变质岩做一个岩石花园，这三种分类是地理学家用来区分岩石的。

我们站在在太阳系众多石头当中第三块飞驰的石头上。

校园中仔细选择和安置的岩石，对于玩耍的孩子来说意味着更多。

谁在观察天气？

农民观察天空，以了解什么时候下雨；航空飞行管制员研究云层的形状，以保证飞机安全飞行；在海上航行的人们会看气压计；冲浪者则会了解风和波浪的形态。

在学校里开始最基本的天气观测。在校园里增添一些并不昂贵的硬件设施，这样孩子们就可以借助这些工具观察并记录天气。当孩子们研究这些元素后，他们就能学会描述和预测天气了。

天气是由以下元素形成的：

- 温度
- 风
- 大气压力
- 湿度
- 云
- 降雨
- 阳光

一个孩子对老师说："晴雨表显示了未来天气的变化，而且云正在东南边聚集，它们是一些低低的乌云，风也在加大。我想今晚会下雨。"

106

风

教师觉察到，风会让孩子们不安并且让学校生活不那么舒适。这时也许正好可以带他们到室外看看风是如何改变周围的景观的。

风在自然中有其功能，孩子们可以在活动中观察到这一切。密切关注景观的自然特征并记录下它们在风中的变化。风的作用将取决于它的温度。炎热的风和寒冷的风有不同的影响，但通常风会有以下这些作用：

- 吹落叶子、花朵和树枝；
- 传播种子和花粉；
- 吹走污染物和病毒，带来清洁的空气；
- 带来烟尘、土屑和其他气体，给空气造成污染；
- 吹干我们的衣服和皮肤、我们的植物、土壤和空气；
- 风速测量可以直接观察附近的物体；
- 树木、烟和旗帜是很好的风向标。

为了更准确地描述风力，孩子们可以查看海军上将蒲福制定的蒲福风级（Beaufort Scale）[2]。

风是由它吹来的方向命名的。风向标将帮助孩子确定风向。

指南针的基本方向和半点应该在学校里永久展示。它可以画在沥青或混凝土上，或者在一个风向标的顶端。良好的环保意识始于对简单概念的理解，如方向：哪里是北？哪里是东南？

如果孩子们可以辨认风从哪个方向吹来，并了解这对于天气意味着什么，他们就会对天气变化有非常敏锐的觉知。

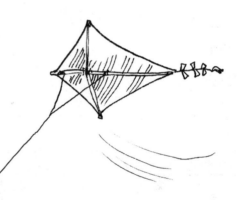

风力可以用来发电，有一天这可能会在校园里实现。孩子们还可以通过一些活动来探索风的性能，如放风筝、建立一个旋转风轮或者悬挂彩旗装点校园。

云

云是一团由微小水颗粒形成的雾，常处于冻结状态，漂浮在大气中。

对很多孩子来说，对于云的研究停留在"蓝天白云是晴天，乌云密布要下雨"的水平上。

老师可以鼓励孩子们更深入或以更高的视角来探索云朵的奥秘，因为这些知识可以帮助他们了解天气，然后应用在花园管理中。

环绕学校的云朵壁画会帮助孩子识别并记住各种形状的云的名字。

一旦他们学会观察一种天气模式，他们就可以坚持观察并学着预测天气。

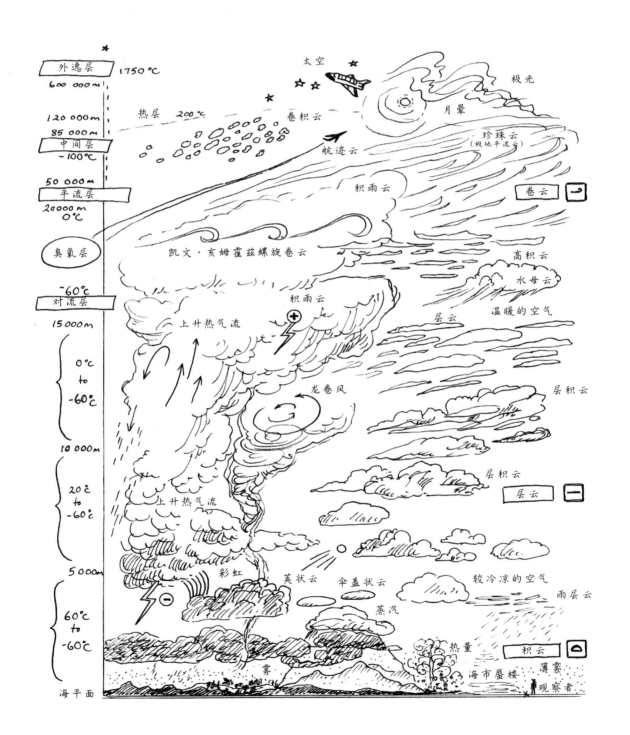

季 节

季节不仅影响天气和白天的长度，而且赋予人类不同的生活形态。

服饰、食物和活动随季节而变化，植物和动物都要经历其季节周期。自古以来，人们编造神话来解释季节。世界各地仍然在庆祝季节性的传统节日和事件。

活 动

🕮 在户外课堂中坚持在一个日历上记录植物的变化：落叶、开花和结果，包括本地种和外来种。

🕮 观察天气的季节性变化，并记入日历。

🕮 准备和享用季节性的水果和蔬菜，包括那些产自学校花园的。

🕮 用一个节日庆祝春天的到来。

🕮 研究其他时间和地方的季节性庆祝活动。为什么圣诞贺卡上会有雪花，而复活节卡片上会有鸡蛋？

🕮 春天，在校园里研究动物的行为：筑巢、昆虫和青蛙卵、小蜥蜴、结茧、孵化，还有带着幼崽的负鼠。

🕮 保存一个季节性体育活动的剪贴簿：板球、垒球、足球、篮网球、游泳、墨尔本杯。

🕮 研究地球与太阳的不同位置关系产生季节变换的现象。

空 间

下图是一个小学里的太阳系图谱景观。这是一个操场上的永久性元素，它具有双重功能：支持科学教学，同时是可供玩耍的景观特色。

这一处景观是校园中一块小教室大小的草坪。在轨道圆周上，按照太阳系的序列排布，放置石块来代表太阳、水星、金星、地球和火星。

这些岩石形成了一个游戏区域。另外，当一个班级遇到了一节课需要学习行星的名称、位置、相对大小以及它们与太阳的关系时，或者学习任何其他与宇宙有关的话题时，这里还可以同时作为教学场地。

各个年龄段的孩子都会找到方法来利用这块场地作为学习辅助教具，并会想出好办法将其纳入他们充满想象力的游戏和有益身体健康的活动中。

至于太阳系外围，可以布置100米冲刺跑道的标记。

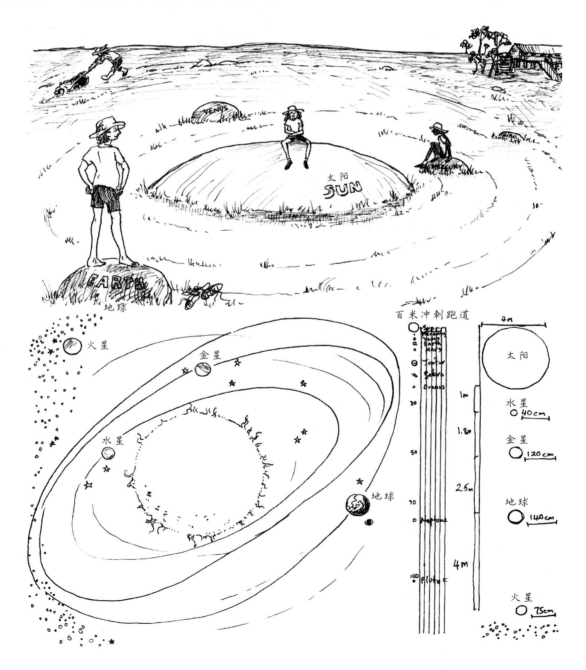

地形－校园轮廓

每一块土地都有其鲜明的外形特征，就像人群中每一张独特的脸。我们通过观察和在上面来回走动，来了解一块土地的地形地貌。小孩子通过在一块场地上爬、坐、躺、滚、玩，来充分了解这一处景观的样貌，他们一辈子都记得童年所经历的风景。

一处自然景观可以被自然力或人力改变。自然改变包括水土流失、泥石流、地震、火山喷发等地球运动；非自然改变包括耕作、建筑的建造以及道路、铁路和大坝的建设。

活　动

列出所有地形特征，把它们分成两组：自然的或人造的，如挡土墙、排水沟、沟壑、山坡和花园种植床。这个调查可以包括照片、图画、黏土模型和文字描述。

一个玩泥巴的游戏区，包括一座表层土的小山，可以让孩子尝试建造一个具有道路、隧道、大坝和河流的景观。玩具汽车和拖拉机可以用来助燃想象力，沙坑可以以同样的方式来使用。大一点的孩子会在这里工作得很开心。

🐾 在土山上做土壤侵蚀试验。

🐾 了解等高线地图，也许可以从朴门社群中邀请一位客座讲师来讲解相关的知识。

🐾 在所在地区的地形图上给校园及其建筑定位。

🐾 看看用于地理地图中的地貌符号。

🐾 在谷歌地球上观察校园卫星图。

🐾 建立自然地貌的名称词库。

🐾 坡地、土丘、丘陵、峡谷、溪谷、悬崖、河床、洞穴、湖泊、断崖等。

零废弃物

有机和无机、生物可降解与不可降解、可再生与不可再生，这些术语和范畴是孩子们需要知道的，以便了解废弃物循环利用的过程。

浪费的概念不仅仅局限于"物料"。浪费同样发生在我们的行为以及我们对时间和精力的使用上。

老师们可以留意一下，信息也是可以被浪费的。换句话说，我们今天教授孩子的东西可能在他们成年后全无用处。这是一个难题，但我们别无选择，只能活在当下的时代。

这个话题的范围是广泛的。将这个议题纳入课程的老师会发现孩子们喜欢这项研究，因为这是基于行动和实践的。

循环利用的创意：

- 用回收的食物残渣做堆肥。
- 建立蚯蚓农场。
- 用废纸造纸。
- 学习修理而不是丢弃（设立修理铺，专门修理孩子们的自行车、玩具和衣服）。
- 从喷泉中收集水，并重新用于花园浇灌。
- 在孩子们的艺术作品中使用废弃材料。
- 选则低废弃物包装的午餐——没有塑料包装或果汁盒。
- 携带可重复使用的瓶子和盒子。
- 支持小卖部的低浪费方针。
- 设计垃圾管理策略。
- 学习再利用、再循环、拒绝浪费、减少浪费、以修代弃。

具有零废弃物意识且了解其管理解决方案的孩子，在其他情况下也能够辨识出浪费行为。这个活动可以将学校与家庭和社区连接起来。

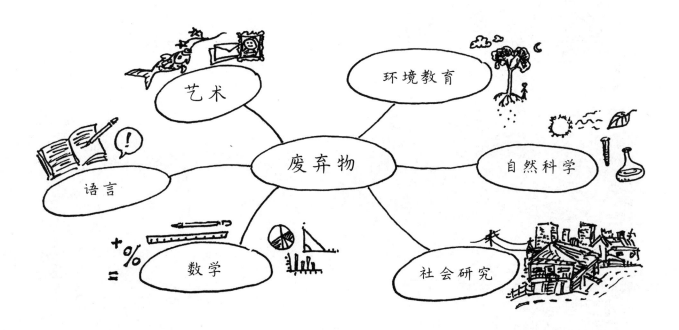

改编自废弃物创意课程计划
ENRE 计划，DRCSC
印度，2005

工作坊

为孩子创造工作坊，以扩展他们在建造、发明、维修和回收利用方面的技能。

理想情况下，这些场所应该是精心建造的，可以用来放置家具、工具和材料；在这里，孩子们会需要一名志愿者来组织他们的工作，这位志愿者乐于奉献他的午休时间来管理这个工作坊。

或者，工作坊可以设置在校园内，在建筑物或任何可用的空间内，并且在老师的监督下开展活动。学校需要提供工作坊所需的工具，并且设计一个照管和存放它们的体系。

工作坊	基本工具
木工作坊	老虎钳、锤子、小钢锯、钉子、胶合板
小发明家	切割工具、胶水、纸板、胶带
自行车修理棚	扳手、车胎修理工具包
回收棚	剪刀、线、标识牌
科技站	电池、灯泡、太阳能电池板、开关
缝补店	大头针、缝衣针、纽扣、棉布、剪刀
花园中心	花盆、土壤、浇水罐
油漆车间	油漆、刷子、罩布、美纹胶带
机械中心	扳手、螺丝刀、旧割草机

室外的声音

户外教室不仅可以用于研究声音的科学，还可以作为一个亲近大自然的场所，让孩子们练习发现和欣赏自然妙音的能力。

对于很多人来说，声音的细微之美已不复存在。我们的耳朵已经习惯了割草机、吹叶机、摩托车、电视、摇滚音乐和iPod播放器。

和你班级中的孩子们一起探索大自然的声音吧。

活动

🍂 在花园里，布置一些打击乐器，在树上或木架上悬挂调试好的竹管，放置空心的大木头、水桶（有提手的）和大木桶（红酒桶）、编钟、装满水的瓶子和PVC管。在这里孩子们可以尽情地享受他们的音乐，用它们来比较声音，研究音高及其与尺寸和材料的关系。

🍂 利用户外乐器来研究振动，轻轻触碰它们，并感知声音带来的振动。紧紧握住振动的物体，思考当振动时声音是如何消失的。

🍂 研究当地鸟类及其鸣叫声，并制作一个图表，让孩子们可以在上面记录在户外上课时听到鸟叫的日期和时间。

🍂 学会聆听和识别从头顶飞过的飞机的声音。

🍂 找一个地方，让学生们可以在草地上静静地躺一分钟，闭上眼睛，让听觉变得更敏锐，然后聊一聊在这里捕捉到的微妙声响。

🍂 录下花园的声音，然后和孩子们玩猜测游戏，猜一猜这个声音是在做什么时发出的：挖土、浇水、锯木头、修剪、折断树枝、铺撒覆盖物。

🍂 制作锡罐电话并讨论振动是如何传播的。

🍂 找一个能吹奏树叶的人，然后教孩子们如何用树叶演奏。

模 式

自然界中的模式无处不在。一旦孩子们理解这一点，就会明白世界奉行的普遍规律。当我们带领孩子们深入了解自然模式时，就是在向他们揭示宇宙的奥秘。

孩子们在泥土中玩耍，用树枝和石头搭建小景，凭直觉去了解这些模式。向他们揭示自然模式存在的证据，而这些证据是由那些研究过自然模式并将其分类的先人智者留下来的。

当你看着一棵树，它只是一个物体，你看看整体，再看看局部，随后你就会发现树的这种形式在其他自然现象中不断重演。例如，大江大河汇入海洋时，在入海口把三角洲雕琢成枝杈的形态；同样，我们身体里的血液通过大动脉，像树枝一样分散开流入血管。

模式是可描述、可重复、可预测和无限多样的。它们帮助我们理解周围世界的形式、世界塑造形状的原理，以及我们可以对其抱有怎样的期待。

向小学生们介绍螺旋线、分枝形状（树突状）、网状等模式，可以构建他们基于自然模式的设计技能。

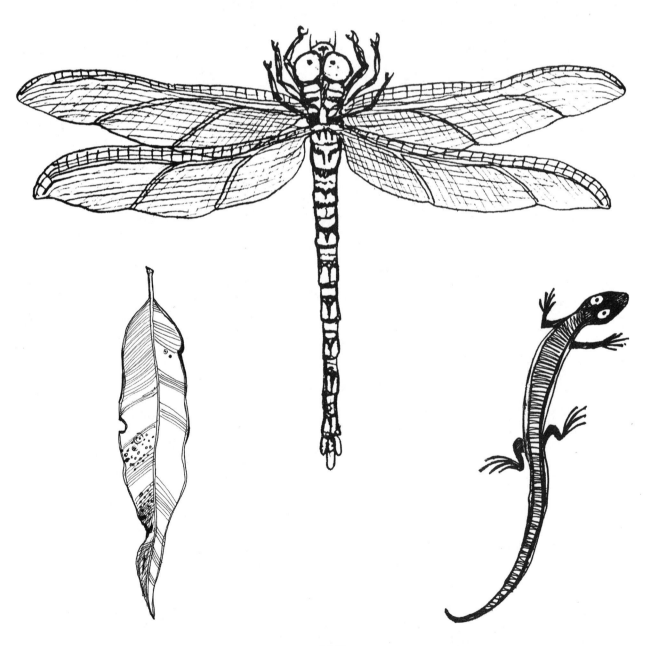

模式
自然中产生的模式

螺旋状	犄角	缠绕的线
云状	蒸汽	薄雾
网状	蜂巢	鱼鳞
对称性	动植物	倒影
散点状	雀斑	种子的散播
轮状	鱼鳍	涟漪
波浪状	火山岩浆	声波
分支状	树	洞穴
流线型	山河	闪电
纹理	树皮	羽毛

古生物学

在户外教室模拟一次古生物挖掘，让所有孩子都参加，作为一个有趣的练习。这项活动可能需要多个开挖点。而且年龄较大的孩子可能愿意为低年级的孩子开设这个活动。

在柔软的泥土或沙子里，掩埋某种古代生物的"遗迹"，再让孩子们把它们挖出来，以此证明这种生物的存在。在他们经过充分的场地挖掘并收集所有的残骸之后，可以对其进行分析、提出假设，比如这个灭绝动物的形状和大小。然后，孩子们可以为其命名，并提出它是什么、吃什么、生活在哪里以及它是怎么死去的。最终，通过绘制它的图画和向媒体报道此项发现来完成这个活动。

需要采买的材料：

- 从屠户那里要来的大骨头
- 牙齿或獠牙
- 毛皮或皮肤（真皮）
- 较小的骨骼，表示它会吃什么动物
- 木化石
- 遗留下来的一个原住民的武器，如矛
- 边缘锋利的岩石
- 木炭

在更新世时期，大约180万年到11500年前，庞大的巨型动物，如双门齿兽（犀牛大小、像袋熊一样的动物），曾出没于澳大利亚的内陆地区。

这些巨兽里包括各种动物，很多现在已经灭绝了。它们被澳大利亚原住民猎杀，化石记录告诉我们这些动物里有：巨大的鳄鱼、蜥蜴、鸟类、龟类、袋鼠、蟒蛇和袋狮（marsupial lion）。

化石采集的业余爱好者（包括儿童），可以加入博物馆小组来寻找这些脊椎动物的残迹。大量化石已经在纳拉库特、南澳大利亚和昆士兰达令山丘的石灰岩溶洞中被发现。

考古学

考古学家运用科学知识、研究和辛勤的工作，去寻找在我们之前居住在这片土地上的人类踪迹，然后做出推演：他们是如何使用这片土地的。

在户外教室里，孩子们可以成为考古学家。

寻找可能提供古代土地利用线索的地面特征：如旧水渠、老浅井、柱子或树桩；一条压痕可能曾经是一条道路，混凝土块可能曾经是地板、台阶或地基。

- 用桩钉和细绳搭建一个网格，再用铁锹和筛子挖掘到一定的深度。拍照并记录下找到的所有东西，从破损的瓷器到纽扣、旧硬币和护栏网。

- 弄清楚学校是什么时候建成的，并通过理事会图书馆和当地的历史资源，对在学校建立之前这片土地是作何用途的进行研究。

- 在学校的档案室翻阅老照片。也许室外运动场在多年前另有他用：如玫瑰园、学校的松树林、老旧的户外厕所或马围场。

- 每当有校庆，一队学生可以采访一下已经毕业的校友们，询问他们在校时校园是什么样子的。

- 利用图书馆的书籍，像考古学家一样去研究并揭开久远的文明，包括那些在澳大利亚的文明。

淘金记

让孩子扮演一个角色，在课堂上展开一段故事，配上一套戏服、一些道具和历史事件，这会让孩子们久久难以忘怀。

教室作为史诗作品的背景可能太小了，那么搬到户外就是顺理成章的事。选择附近有几棵树的草地山丘，扎牢手绘的舞台背景，再找一处平坦的区域来放置道具和帐篷。这个舞台是为5年级的戏剧演出"淘金记"准备的。

一个掘金者离开了金矿，推着堆满镐和铁锹的独轮车。他运气很差，没有发现一粒黄金，情绪低落，身无分文地走在返回墨尔本的路上。他遇到了一个快乐的年轻人，正朝着田里走去。他停下来和年轻人交谈，然后商定了一个价格把独轮车和工具都卖给了他……

当孩子们的情绪进入状态并且将身处室外的活力融入表演时，他们将把戏剧演得活灵活现。他们会自己组织台词对白，而老师可以从孩子们的表演中看出他们对这一时代的了解，从而来评判教学效果。

在室外为上演课堂小戏剧设置的布景可以是简单而实惠的。如果能拥有一些固定的构筑物的话更是大有好处，因为一旦孩子们将其当作一个游戏屋，他们就会在游戏时间里使用这个构筑物。在室外，声音会飘散开来，但如果拥有一个坚实的背景，则具备了音效的优势。一组低矮建筑的尽端墙壁对于这一用途来说是理想的，另外如果有凸起的遮阳篷可以连接起来形成一个屋顶，那么音响效果会更好。这可能是所有学校都需要的一个完全能胜任孩子们各种活动的户外剧场。

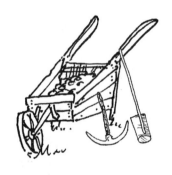

户外历史故事演绎

- 🍂 在杰克逊港登陆的第一舰队
- 🍂 澳大利亚原住民
- 🍂 伐木工
- 🍂 澳大利亚政府——三个层级[3]
- 🍂 拓荒者

孩子们喜欢在户外做的事

躲在安静的角落里　　拥抱一棵树　　雕塑　　亚麻小道　　迷宫　　绳梯

荡秋千　　荡秋千　　观察动物　　观察小鸟　　打弹珠　　瞭望塔

溪流　　岩石　　领地　　泥巴派　　汀步　　捕梦网

游戏屋　　草地　　攀爬围栏　　疯跑　　跳房子游戏　　小径

叶脉　　捉迷藏　　追踪小动物　　小蝌蚪　　冰棒棍做的指示牌　　曼陀罗花园

在泥地上玩小车　　沙坑　　水坝　　拔野草　　摘花　　帐篷玩具小屋

小茅屋　　小桥　　家畜　　追踪昆虫　　藏匿宝贝　　看云

演出舞台

演出舞台是一个小小的甲板状的构筑物，大约1米宽、1.2米长，高出地面20～30厘米，大小和形状可以不尽相同。但一个小小的平台将鼓励两三个小伙伴一起发挥他们的想象力。这个简单的构筑物，可以在花园里不显眼的地方静静等待，直到有孩子来决定它是一个小房间的地板或音乐会的舞台。如果把它安置在靠近教室的地方，老师就能很便利地利用这个小舞台。

设计工作的原则是少即多。一个简单的装置就足以激发孩子们创造充满想象力的布景。他们会用在周围地面上发现的、从家中或教室里带来的道具搭建舞台，然后一直玩到上课打铃。

在舞台上添置顶棚，作为一个额外的功能，将使舞台拥有其他用途。如果增加了一面墙壁，上面开了可向外瞭望的窗口，这个舞台就有可能摇身一变成为一个木偶剧院或商店。

舞台可以设置在任何地方，但接近教室的位置是最好的。开放的设计将便于老师监督孩子们玩耍。一些学校需要考虑遮阴防晒，那么可以在树下或遮阳棚下安置舞台。此外，在蜘蛛很多的地方，可能需要定期检查舞台上是不是住着蜘蛛。

如果只有一个舞台，而且需求量大的话，就可能会在操场上引发一些问题。那么可以多建几个舞台来解决这个问题，最好这几个舞台相互远离、互不可见，或者开发其他具有同等吸引力的游乐区。

在独特的学校花园里玩耍

- 泥巴
- 恐龙
- 摘花
- 野草
- 禾草
- 野花
- 树圈
- 亚麻地间奔跑
- 爬树
- 小树林
- 秘密基地

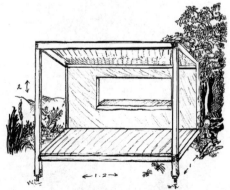

供孩子们玩耍和研究的恐龙森林
20800万年前至14400万年前的侏罗纪

1. 金槌花（billy's button）
2. 多刺的锉蕨类植物（prickly rasp fern）
3. 鸢尾花（bush iris）
4. 手杖棕榈（walking stick palm）
5. 鸟巢蕨（bird's nest fern）
6. 鹿角蕨（elkhorn fern）
7. 凤梨科植物（bromeliad）
8. 银杏树（gingo biloba tree）
9. 粗糙的树蕨类植物（rough tree fern）
10. 瓦勒迈松（wollemi pine）
11. 纸莎草芦苇（papyrus reed）
12. 莲花（sacred lotus）

花园的标示牌
参见170页，有更多好点子

入侵者，将会被做成堆肥

工具存放处

如果花儿是朋友，我会选你！

操场图案

操场图案是学校用来增加儿童游戏机会的绝佳方式，这可以用一个永久性的景象来提供有用信息，同时还能改善教室周围片区的氛围。

通常，我们可以在学校周围的硬质地面上看到跳房子、手球、钟面和计数梯子等图案。而这些大多是孩子们在操场长满青草和被沥青覆盖前自己画的。近年来，学校在操场中加入了新的设计，总体上选择鲜艳的色彩来吸引孩子。

标记图案可以为教师提供有用的课程资源。尝试一些数学标记或符号：无穷大、男性、女性、云的形状、指南针、方向指示牌、上、下、标点符号、交通标志、化学缩写等。它们可以成为有用的教学工具，但不能在操场上过于抢眼。精心设计并充分考虑老师和孩子们的需求，然后找到一名艺术家或标识设计人员来制作这些标记图纹。

如果学校希望孩子们能转移到软性地面（如草坪）上玩耍，就可以留一块泥地给孩子们涂鸦，或者他们可以在草地上通过奔跑的路径来形成标记。

孩子们无时无刻不在学习。

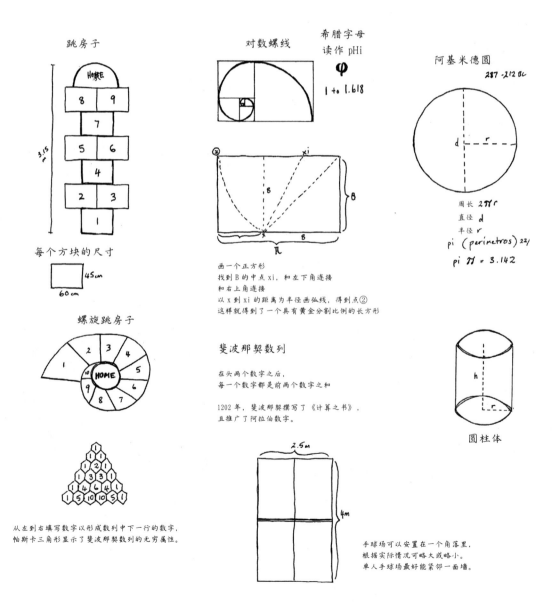

跳房子

每个方块的尺寸

螺旋跳房子

从左到右填写数字以形成数列中下一行的数字，
帕斯卡三角形显示了斐波那契数列的无穷属性。

对数螺线

希腊字母
读作 pHi
φ
1 to 1.618

画一个正方形
找到 B 的中点 xi，和左下角连接
和右上角连接
以 x 到 xi 的距离为半径画弧线，得到点②
这样就得到了一个具有黄金分割比例的长方形

斐波那契数列

在头两个数字之后，
每一个数字都是前两个数字之和

1202 年，斐波那契撰写了《计算之书》，
且推广了阿拉伯数字。

手球场可以安置在一个角落里，
根据实际情况可略大或略小。
单人手球场最好能紧邻一面墙。

阿基米德圆
287 -212 BC

周长 2πr
直径 d
半径 r
pi (perimetros) 22/1
pi π = 3.142

圆柱体

孩子们的学校花园工作

在学校花园里涉及的工作远远不止园丁的体力活，所需要的技能也不只是播种、浇水和收割。仅举几例，花园工作包含了这些工种：研究员、科学家、环保主义者、设计师和种子保存员。教师可分配这些工作给孩子们，让每一个孩子都能在其中借由自身的特质发展一定的技能和知识。（当然，有的孩子也可能喜欢两人一组一起完成一份工作。）

举例来说，负责安全的孩子可能要每天检查大门是否关好或锁好，确保作物在成熟之前不会被采收；土壤科学家需要学习使用pH值土壤测试工具，并且在土壤需要调整或施肥时汇报。老师将鼓励这些孩子去思考自己的角色，并在设计中发挥积极作用。在这种情况下，老师们是不会对学生的学习潜力无动于衷的。

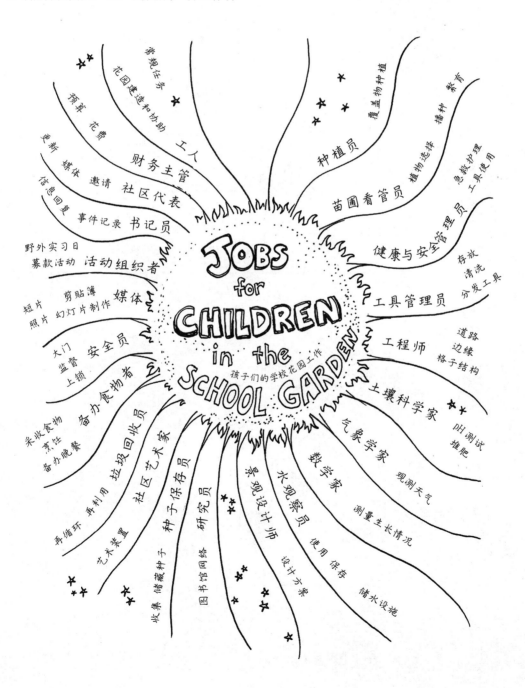

卡罗琳·纳托尔

关联课程设置

老师们在寻找花园与学校课程之间的关联，对于他们的需求，我们可以从人类的历史起源开始挖掘，回到耕耘土地标志着文明发端的时候。

大约一万年前，当新石器时代的人们开始在湖畔河谷的湿润土壤上播种时，最早的农夫就出现了。人类学的研究认为，早期的农夫大多数是由妇女构成的，她们从中东地区曾经的肥沃谷地带回小麦和大麦的种子，栽种在现在已经干燥萎缩的谷地和湖畔。一场持续了一千年的漫长而寒冷的干旱造成了剧烈的气候变化，对于种子的培育就是一场生存行动，同时这也改变了"作为人类"的含义。

早期文明基本上发生在同一历史时期，跨越了地球上一个共同的纬度区域：亚洲的中国、美洲的阿兹特克、玛雅与印加古国，以及南半球在高地河谷的巴布亚新几内亚内陆。在这些地区，正如我们所知，根系作物芋头（taro）得到广泛种植。

随着时间的推移，科学、文学与艺术逐一展现，高阶的文明也渐次形成。随着蔬菜、水果及观赏植物的种植，园艺开始成为文明人的追求。人们开始认为，简单的花园是与大自然和美好景观的连接，投入时间照料花园被认为可以让生活更丰富和满足，本质上，也成为了文明生活的一部分。

在我们历史上的所有节点，积累的知识被归纳成不同的学科，构成了现代学校课程的内容。

园艺学与科学的关系是广泛的，与现代学校课程的联系存在于科学的各个分支，如自然历史、物理、植物学、矿物学、化学、水力学；以及美术和其他艺术类型，如建筑学与文学。

当说到花园，我们就进入了一个知识的摇篮，在其中寻找与学校课程设置的联系毫不费力。课程即花园，花园即课程，它们是一体的。

什么是课程设置？

课程设置是教育官方部门所规定的学习体系，它是教育者为了帮助学生的学习而有意识安排的。我们在学校中所教授的课程是既定的，教师们有法律义务去教授官方规定的课程。

澳大利亚的每个州都为学校提供既定的课程体系，这种情况曾经引起了对设置全国统一课程的讨论——建立一个服务于全境的课程体系。在不远的未来可能会建立联邦课程设置机构，但是当下，各个州仍然需要管理自己的课程体系。对于设置全国课程体系的争论着重关注那些在不同州之间迁移的孩子们，希望他们能够学习相同的课程。教育规章的改革还有着其他原因，比如关于经济与实用性的问题，以及期待学校能变得更好。

一个课程设置体系并非静止的。它经常更新，教师的职业生涯中会经历很多课程的调整更新。一些课程比其他课程有更长的保鲜期，但发展变化是事物的自然属性，它会不断发生，而我们会适应变化。

> 孩子们会在学校学习到课程设置之外的知识，
> 这通常是指"隐藏的课程"或"不经意的学习"，
> 因为孩子们是一直处于学习状态中的。

无论是何种情况——关键的学习领域、核心课程、可持续性教育、基础知识或者当前的课程体系——教师的角色都是在既定的原则下教学。

选择自由度在哪里

也许对于工作本身没有选择，但老师如何开展教学工作总是可以选择的。这样的选择存在于每一天设计课程的时候，此中就蕴含着教师的工作精髓：老师们可以自由地选择教学环境，设计教学目标，选择教学策略，整合资源，以及在教学过程中创新。

老师可以决定孩子们在哪里学习：在教室中，课桌上，地板上，走廊间，商业中心里，花园中或者动物园里；他们可以决定孩子在什么时间学习：早晨或下午，本周还是下周，以及学习课表中的哪个主题；他们可以决定孩子们如何学习，以及对应不同主题选择何种学习方式。大多数老师可以根据不同的情况，根据他们心目中最好的标准来进行选择。

教学实践对于一些老师来说可能并没有那么简单。当学校要求同一年级的老师一起制定计划和在同一教学大纲下工作时，老师独自教学的自由度就被限制了。这样统一化的工作方式也许会提升效率，节省时间，有效保证了问责制和达标评估，比如为了满足审核委员会的要求。然而，这似乎严重地限制了那些在教学大纲执行到一半的时候产生其他好想法的老师。

为了更有效的教学，老师们需要好的想法，同时需要把他们最好的想法带到年度教学计划会议上，而有些想法要获得认可还略有难度。

对于老师教学而言，丧失工作的独立性一定是很严重的限制。放弃这种努力，取而代之的是在各种会议上为了追求一个共识而去揣摩同事们的个性，这显然会毁了很多好老师。我们希望老师们永远不会失去对于设计教学环境的控制。

花园里的课程设置

当老师们选择了花园作为教授课程的资源时，他们就为想要以何种方式工作做出了个人的选择。园艺不会成为所有老师的选择，而孩子们会在这样的环境中受益：多样性的场所，在这里老师们可以根据他们的特定经验、兴趣或特殊技能自由发展教学策略，无论是园艺、摄影还是绳结手工。

任何资源的价值在于它的有效性，而花园有一系列的属性使它对于任何一所学校来说都是可贵的资源，它的价值存在于花园自身的特性中。

一个花园意味着很多，但是在一个学校的设定中，它是可以被转化为户外教室的自然环境的。如同室内教室一样，它会促发学习过程，尽管通过不同的形式。

老师们是博学多才的。每一天，他们通过创新利用各种材料和自身的知识，为学生们建立丰富的情境。他们在教室中工作，利用所有可用的角落和缝隙、垂直和水平的空间，多样化地重新组合课桌椅，为孩子们创造一个明亮且有趣的学习环境。

但是教室，作为一个不可或缺的学习场所，也有其自身的约束和限制。

通过转移到户外，这些限制可能在某种程度上会被克服。这意味着，在校园的走廊之外，如果老师们认为地面是一个可延伸和利用的资源，就会增加可利用的教学区域。

在校园场地中创造自然与人造的区域就是利用资源，这种想法在近代被极大地忽视了。如今社会普遍意识到，应该为所有的老师们提供一整套创造室内和室外教室的方法。这也许是因为现代城市孩子们的世界里，同时需要这两种学习场所来保持平衡。

我们知道什么

种下一粒种子的行为与很多学科知识相关：土壤学、植物学、水文学、园艺学、力学、数学、微生物学、生物遗传学及气象学，同时会与艺术和灵性有一些关系。在花园中的工作包含极其丰富的交叉学科，传统上分离的学科会在花园的实际操作中被整合到一起。

我们为了避免思维混乱而进行学科分类，但是儿童的学习不需要被固化。在现实世界中学科的分类是模糊的，为了记录课程，指导种子种植的老师也许需要挑选一个时机，比如科学活动中的培育专题、数学课中的测量任务或者英文课中需要阅读指导的时候。

多学科的资源：学校花园

学校花园中的活动可以通过多种方式与教学结合。通常上它会作为一种科学教学的资源进入课程体系——比如种植植物和观察昆虫行为，但是学校花园还可以意味着更多。只要善于随机应变，学校花园中的活动几乎都可以与教室中教授的任何课程相结合。

从文学到手工艺，从数学、保健到社会学，花园中的学习涉及课程体系的方方面面。比如，关于一包种子的信息，可以用教学实践的方式去体现植物生长的广度和深度。这些信息可以应用在各种课程上，比如数学课（深度、宽度、高度的测量）、社会课（气候区）、语言课（教授词汇与结构）、地理课（地图制作），以及典型的科学课程（植物生长、季候、天气与水循环）。

一直以来，花园为艺术家们提供灵感，那些与花园有深度连接的孩子们可能会在花园里读故事或者受到感染写一首诗。一个花园可以为一场音乐演出而设置，或者为校园里由树枝和石头组成的艺术品提供展示场地。花园可以满足孩子们的创新精神，而老师们一定会发现在花园中捕捉他们创意的各种方法。

> "无论在现实中、文字或者绘画里，花园作为提供想象力的空间而存在。它们连接着围墙和藩篱以外的世界。"
>
> 斯蒂芬·德克兰

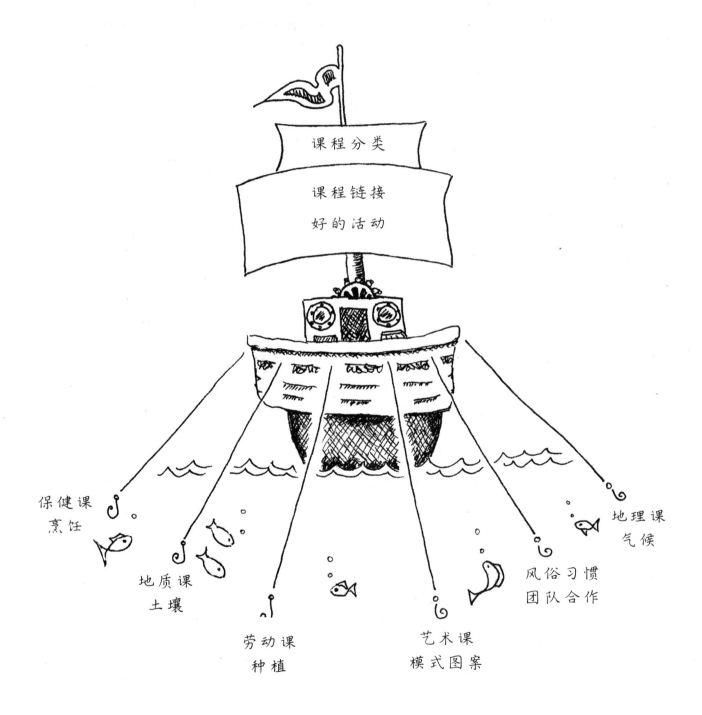

珍妮特·米林顿

教师培训工作坊：创造学校花园与课程体系的连接

一旦有一些老师对花园感兴趣，并且有信心扩展它的用途时，就可以去发掘户外教室的全部潜力了。

对老师和学生而言，校园花园与户外学习最有价值之处就是提供亲自动手实践的、有相关性的、真实可靠的经验，为教室内的常规学习提供坚实的例证。

老师们为开发有如下特点的活动倾注了很多努力：

❀ 与教育机构规定的课程大纲相关

❀ 适合学校的远景与目标

❀ 能使学生们准备好融入当地社区和更广阔的社会中

❀ 让学生们参加有意义的活动

❀ 利用有限的条件就可以开展，包括资源、时间分配和班级规模

❀ 反映学生和老师的技能与知识的层次

以上如此多的条件和要求会随着时间的推移不断变化和发展，可以很容易看出为何老师们认为不能简简单单地在学校课程中直接插入额外的内容，哪怕是一套新的园艺技巧。

但是老师们也在寻找让他们的课程变得有趣、有意义及令人难忘的方法。实质上对于老师而言，真正的回报是学生学业有成而带来的满足感。

当孩子们参与其中并快乐地学习，如果他们的进步是显而易见的、可记录的、可报告的，如果在他们成长飞跃中的一个恰当时期学习到这些知识，如果在活动中逐渐接受了所在社群认同的价值观，那将是所有老师和政策的一致目标。把不同的"要求"视作指导与支撑，把克服任务的重重困难视作使用学校花园的基本要务，有这样的心理准备是很有帮助的。

通过改变课程的表达方式与课程评估报告的模式，在学校教育的课程体系中引入校园花园往往会变得容易一些。

你也许是一位代课老师、校长或者学校花园的顾问，如果你对教学和课程设置有一些想法，并且相信学校花园可能带来的益处，你就可以开展下面的工作坊。

教师工作坊引导老师们循序渐进地将花园引入课程设置。

工作坊1

第1部分

询问老师，他们希望孩子在学校里能够获得什么。回答一般都会是面面俱到、全球通用的，比如：

❀ 为具有挑战性的未来做准备

❀ 在另一种生活境遇中学习的能力

❀ 享受学习的过程

❀ 投入到学习活动中

❀ 有自尊心

❀ 关心他人

❀ 拥有关于童年和学校的愉快回忆

❀ 拥有走向成功（包括成功的所有含义）的技巧与工具

这些陈述应该反映了校方的观点，但这一次你需要做的，是快速地再次审视这些观点并将其表述个人化。

现在，指出这些观点与教育部政策之间的联系。如果其中一些是老师们正在努力应对的新政策，这将会非常有价值。这样的做法再次确认了老师的目标与洞察正是政府所有教育政策的核心。

如果上述环节进展顺利，老师们会感觉自己更像专业的从业者而非政策的奴隶。加强自我价值感会提升自信心和创造力。

工作坊的下一步是探索在连接花园与学校课程的时候，可能收获的益处。

第2部分

向参与的老师们说明，接下来是探索目前潜在可能性的头脑风暴，下一步再决定是否采纳任何计划或者策略。

现在你需要着手去展示，证明在学校花园中开展的或者关于学校花园的活动，能够让你自己、教师们、社区及政府在任何普适教育方面的教学工作得到有效改善或受到积极影响。

回到在第1部分中提出的设想，然后将每一个设想与花园联系起来。

你的头脑风暴也许能得到以下类似的结果：

⌒ 为具有挑战性的未来做准备

在自然中工作，系统性思考，任何人都需要食物，未来食物的消费，自给自足，干净健康的食物，成年人的健康体重，当地的食物生产，慢食运动，有机食品，营养。

⌒ 在不同生活境遇中学习的能力

终身学习，向不同人学习，理解如何学习他人，满足不同学习方式的需求，观察和动手操作，许多方面可以成为兴趣点（土壤、水、营养、过程等），将知识从一个情境转移到另一个，多样性保持高度的兴趣，吸引专注的学生。

⌒ 享受学习的过程

增加一天中活动的丰富度，让孩子们动起来，展示在教室中不常使用的各种技能，提升非学术性相关的自我价值感，提供具有直接结果和意图的活动，对运动型学习者很有益处。

⌒ 投入到学习活动中

提供更多的机会以满足个体不同的学习方式，运用在实际教学工作中的种种技能，让孩子们动起来并且自己处理事情，把在花园中的兴趣带回教室中。

⌒ 有良好的自尊心

为学术性较弱的学生提供机会，照顾那些不能够长时间集中注意力的孩子，更多以孩子为中心，把学校活动和能跟父母在家分享的活动联系起来。

⌒ 关心他人

引导对于全人类基本需求的认识，理解与食物生产有关的工作，展示多样性的价值，关怀所有物种的需求。

⌒ 拥有关于童年和学校的愉快回忆

以儿童为中心的活动，各种各样的小组活动，成就感，园艺是最常见的休闲活动。

⌒ 拥有走向成功（成功的所有含义）的技巧与工具

发展常规的技能、自信心、自力更生的能力，理解系统，建立系统性思考，生产产品。

> "如何让花园成为如此有价值的学习工具？
>
> 世界就如一个花园，所有的人类活动都是在环境的普适定律下为满足自身需求而展开的。"
>
> 珍妮特·米林顿，2006

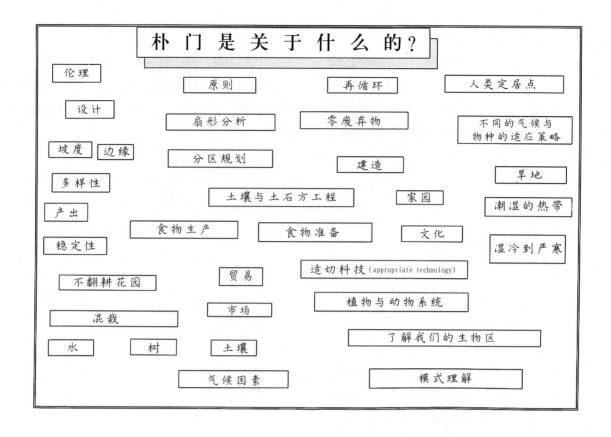

朴 门 是 关 于 什 么 的？

伦理	原则	再循环	人类定居点
设计	扇形分析	零废弃物	不同的气候与物种的适应策略
坡度 边缘	分区规划	建造	旱地
多样性	土壤与土石方工程	家园	潮湿的热带
产出			
稳定性	食物生产　食物准备	文化	湿冷到严寒
	适切科技(appropriate technology)		
不翻耕花园	贸易	植物与动物系统	
混栽	市场	了解我们的生物区	
水　树　土壤			
气候因素	模式理解		

工作坊2

第1部分

一旦老师们意识到将学校花园引入课程设置的价值，那么紧接着下一步就是向他们展示在教室中教授的知识本质上有多少是关于户外的。

这里有一张图表显示了朴门永续设计中的很多内容。它们可能被直接教授给孩子们，或者如果老师们在教学时并不想涉及朴门学中包含的广泛内容，他们就会加以修改再教给学生们。

花点时间去观察这张表，你会发现一些潜在的连接。你甚至可能开始写下与标题相关的主题或单元。

然后把这张空白的表交给老师们。

在教师员工会议上，卡片、厚纸片或者白板上的投影都会有所帮助。为每个年级分配一种颜色的彩笔，然后让老师们写出关于这些标题他们已经做了哪些教学任务。用不了多久，那些关于科学与人文的主题就会填满一张白板。

然后回到那张表，让老师们去寻找每个标题下在现实生活中的数学活动。你会惊奇地发现有如此多元和具有创造力的反馈，比如：

- 绘图
- 使用基本的运算方法计算大小、数量、容量、重量等
- 解决问题
- 做预算
- 计算斜坡的角度
- 用三角测量法计算高度
- 画出一个直角
- 分类
- 集合论
- 模数
- 数字序列，如斐波那契数列

137

这些列出的项目可以扩展，以包括更多的细节，直到足以清晰地表明花园活动可以提供与数学相关的现实生活经验。

现在回到那张表，请老师们列出与表上主题相关的所有写作体裁。他们会列出想到的一切，你会得到但不限于以下内容：

◎ 创意写作

◎ 书信

◎ 研究

◎ 报告

◎ 诗歌

◎ 备忘录

◎ 列表

当他们了解这些时可以再次停下来。

然后请他们注意这些潜在的阅读机会，他们会很容易理解。这样在短时间内你就展示了在所有的基础学科中，学校花园都可以作为一种教学资源。

清晰地说明这一点：

我们已经展示，为孩子们提供在花园中或者与花园相关的体验，可以使得所有基础学科的学习过程更加真实、有意义、有乐趣和令人难忘。

如果有足够的时间，老师们可能希望继续去发现花园活动与艺术创意之间的关系，进而关联到体育课和健康课。花园同样与体能活动及园艺劳作相关，这些都需要力量，增强柔韧性、敏捷性以及对新鲜、干净、健康的食物有所了解。因此，你可以增加以下这点：

我们刚刚已经展示了通过增加真正的户外教学活动，可以在所有的关键学习领域引入教学机会。

这时大部分老师将看到让关键领域的学习变得更加真实且有意义的潜力，但是也许还不足以让他们确信建立花园并且将它和课程连接是值得努力去实现的事情。

第2部分

现在你可以问他们这样一个重要的问题：

"对于那些我们目前做得不够好的事情，我们可以做些什么来予以改善呢？或者我们这次可以做得更好吗？"

把这个问题留给小组，让老师们列出在整个学校课堂上发现的问题和障碍（有些评论可能被视为批判，所以分组讨论允许匿名）。

回答可能会有一部分类似于以下内容：

◎ 一些或很多学生没有全然投入到学习活动中

◎ 动力不足

◎ 不能在一件任务上集中精力

◎ 不恰当或不能容忍的行为

◎ 非学术型学生自尊心不强

◎ 校园欺凌

◎ 注意力持续时间短

◎ 在基础学科上学生们的发展程度不同

◎ 与社区缺乏联系

◎ 没有好的工作流程，导致年级提升后学习主题仍然有所重复

◎ 在多种学习情境转换时，评估机制单一

◎ 缺乏父母的支持

◎ 教师满意度不足

◎ 政府新政策的压力

我们都知道，这些问题会不断地出现。随着校园文化、教育思潮及社会的更迭，问题来去匆匆。老师们永远想把事情做得更好，而问题及其严重程度取决于每个学校或者班级的情况。

现在你有了一个待解决的问题清单，在大多情况下可以通过拓展户外教室活动来攻克。

第3部分

研究每一个问题并让老师们提出针对性的解决方案和一些使用花园资源的活动，用以减少或消除这些问题。解决方案可以直接或间接地与花园相关。

花园可以提供学习机会，同时具有解决其他问题的潜力，这两点结合起来会非常有效地激励老师们探索把一部分教学过程放到户外的可能性。

你的列表可能会像这样：

◎ 一些或很多学生没有全然投入到学习活动中

多样化的活动与场地可以为学生们提供新的视角，非学术型的学生有表现突出的机会，动手型的学生会在学习活动中发现更多的意义。

◎ 动力不足

对于特定户外活动的期待可以激励学生们更快地完成作业。让学生就一个现实问题去思考、计划、计算与报告，更容易激发他难以促动并维持的学习兴趣。

◎ 不能在一件任务上集中精力

多样化的活动将持续地引发兴趣。体力活动可以消耗因长时间在教室久坐而积攒的能量。

◎ 不恰当或不能容忍的行为

花园可以被用作一种激励或奖励。许多孩子发现在户外比在课桌前学习更容易。调皮的学生会有来自同学们的压力，因为只有表现好，才能到室外去上课。

◎ 非学术型学生自尊心不强

为学生们创造更广阔的机遇去展示他们的才能。注重户外工作可以为在学业上表现不佳的孩子们打开职业的前景。

◎ 校园欺凌

为课间休息的游戏活动创造场所，也许会减少孩子们由于无聊而寻找一些不恰当的娱乐方式的机会。提高表现平平的学生的自信心，将会减少他们在优秀学生面前展示力量的需求。创造机会让孩子们认识到，应该尊重花园中的多样性，就如同尊重人类个体能力的多样性一样。

◎ 注意力持续时间短

学生们会在对他们来说有意义的活动上保持长时间的注意力。课程的多元化提升了参与度和投入度。

◎ 在基础学科上学生们的发展程度不同

有助于混龄班级分组，每个组分享一个中心主题但在不同的技能层次上展开活动。弥合不同年龄的学生在基础学科中获得成就感的差距。

◎ 与社区缺乏联系

学校花园可以让家长与更多的社区成员参与其中，作为老师、学生与家长之间的纽带。许多家长想参与学校活动，但是对于学术活动没有信心。学校可以展示出花园是一个适合任何年龄的人学习的地方，并且提供园艺工作坊。

◎ 没有好的工作流程，导致年级提升时学习主题有所重复

作为整个学校计划的一部分，花园可以作为检验和更新校园规划的重点。户外教室中极为丰富的主题可以满足不同年级的孩子参与同一个活动的需求。

◎ 在多种学习情境转换时，评估机制单一

户外活动的评估可以让老师们观察并记录从课堂到户外实际操作中，技能和知识的转化。

◎ 缺乏父母的支持

提供另一种家长参与教育的方式。

◎ 教师满意度不足

为老师们创造机会，提供令孩子们兴奋的活动。那些允许学生主导学习过程的老师，形成了以儿童为中心的教学模式，这会为他们带来新的职业机会。此时，老师的角色是协调员而非专家。

现在陈述一下结论：

在花园中授课可以让各种课程的学习过程变得与现实有更多的联系，有更多的乐趣，甚至还可能解决那些阻碍与减缓学习过程的问题，帮助老师们节约时间。

第4部分

这部分的活动是找出所有可能的途径来支持花园的建立和后续维护，以及何种工具、模式或方法可以让花园项目的操作更简单易行。

对这个问题展开头脑风暴："谁会支持我们去建一个花园并且维护它？"

你很可能会得到以下的结论：

◎ 家长（可能是一些具体的名字）

◎ P&C（家长与公民协会）

◎ 当地园艺俱乐部

◎ 自然保护协会

◎ 当地朴门组织

◎ 地方委员会

◎ 拥有花园的当地学校

◎ 学校花园协会

◎ 少数民族社区团体

◎ 卫生部

◎ 课后托管机构

◎ 假期托管机构

◎ 地方花园供应商

然后，讨论如何让花园项目变得简单易行。你可能会得到如下的建议：

◎ 分享彼此的想法

◎ 观察其他学校的做法

◎ 跨年级规划

◎ 使用准备好的规划模板

◎ 学生自由活动日规划

让老师们去总结一下，他们能够获得的帮助，以及这些是否能够帮助他们建立一个学校花园。

如果这个过程进展顺利，你可以问问老师们是否愿意更多地探索花园与户外教室的使用，因为它们似乎可以：

◎ 用另外一种途径去展现我们一直在教授的技能和知识

◎ 同时解决一些校园中的问题

◎ 初次建立之后不会增加更多的准备工作

如果他们这时停止了讨论，这不一定是坏事。你已经激发了一些思考并且希望让老师们意识到花园不仅仅是花园，它还能作为动手学习的途径，并且为课堂内的教学提供结合实际的表达。

即使他们觉得需要更深入地去探讨这个想法，也不要期待所有的老师立刻行动，或者定期地带领他们的班级到户外去。如前几章讨论的那样，老师们不可能轻率地做出到户外去教学的决定，只有当课堂教学的老师清楚地知道何时是将学生们引入户外学习活动的正确时间点。但是如果学校花园已经建立起来，它就可以作为具体的示例被引入课堂教学，或者刚好在参观花园之前的一堂课中阐释一个与花园相关的知识点。

有些老师可能会开始这样或那样地把花园与课程结合起来，或者留出一个特定的时间段。有些老师甚至计划了基于花园的每周课程：种植、照料生长、收获甚至备制食物或销售农产品。

这些都是好的结果，但是我们不能一直保证学校花园的持续可行性。老师可能会转校，如果主要的花园使用者离开，那么整个的花园课程设置需要重新开始。

学校整体计划的目标

教师工作坊最好的成果，就是得到一个按步实施整体校园规划的决议。

如果工作坊1和工作坊2是成功的，那么可以等待恰当的时机推进后面几步，探索整个学校花园计划的规划与实施。

由于每个学校的机遇、情况与资源不同，你需要选择一种方案或者几种方案相结合，来满足自己学校特殊的需求。这里已经有一些模板，你也可以创造你自己的，不过下面的方法在情况差别很大的学校中都被使用过，是经历整个过程的老师们慷慨付出他们的时间和精力最后总结得到的。

这些方法可能适用于老师、校长和关键的学校花园热衷者，他们可以快速地识别出哪种方法最适合自己的学校。

工作坊3

这个工作坊是为了向老师们介绍一些精挑细选的途径和方法，以此为学校花园建立一套整体的规划方法。应该向老师们表明，在下一个工作坊之后，他们将会被问到是否开始在整个学校计划上将花园和课程设置联系起来。这给予了他们很长一段时间，在做出决定之前去展望和想象。

这里有一些方法可以讨论，包括你之前了解和设计过的。

方法1

每年一个主题

一些学校每年会给花园设计一个特定主题计划。在这个计划里，虽然孩子们整个学期都会参与花园活动，但每一年都会充分围绕一个主题展开。这是尤姆迪州立学校（Eumundi State School）选择的方式，而且运转良好。

以下是学校中不同年级的花园学习重点：

学前班：开花植物

1年级：蔬菜花园

2年级：益虫和种子收集

3年级：鸡的饲养

4年级：水——用水与节水

5年级：土壤——自然生态系统和被破坏的环境

6年级：森林——使用和保护

7年级：能量和可持续住房

他们的花园持续发展，使用花园的班级也在增多。老师们发现把花园与课程设置结合起来，确实减少了很多他们在早期工作坊讨论中列出的问题。所以尽管教职员工会变动，但是花园仍然得以保留。

通过在早期阶段构建教学计划模板、课程规划和工作单元，并且在同年级的老师中间分享计划，就大大减轻了工作量。他们也采取了大卫·洪葛兰所建议的12个朴门原则，把它们应用到整个课程体系的很多方面。

尤姆迪州立学校有很好的朴门基础，他们有乔恩·吉梅尔（Jon Gemmel）协助。他是一位非常有能力的朴门实践者，曾经跟随比尔·莫里森和杰夫·罗顿（Geoff Lawton）学习，是一个在理论教学和花园实操两方面都很出色的引领者。

他们也很幸运地得到了努沙朴门（Permaculture Noosa）的帮助，这是澳大利亚实力最强的朴门组织之一。还有很多来自身为朴门组织会员的家长和老师的帮助。

似乎一系列幸运的机遇创造了这个花园来作为教学资源，但很多其他学校在完全不同的情况下也在做同样的事情。

尤姆迪州立学校原有的朴门花园已经建成8年，但距离教室和运动场较远。现在他们决定在此之外，紧邻教室旁边增加新的花园，随后他们很快就制定出一整套校园计划。这样在密切地监管之下，平时的学习项目就可以让孩子们在短时期内开始参与并且学习基本的园艺技巧。甚至在第一年结束之前，一些孩子就要回到旧的花园工作，让它再次恢复完全生产状态。

这样的模式的确很有效，但是对于一些有混龄班级或者采用不同课程设置的学校而言，可能会发现这样的方法比较困难。对于另一些学校更大的风险是，教学主题可能会重复或者遗漏，所以他们可能需要一个基于某个主题或话题的教学项目。

方法2

工作单元

这是北臂州立学校（North Arm State School）在教师花园工作坊之后决定推进的方法。花园的用途证明了它可以作为一个主要的教育资源，提升现有的惩戒型教学和孩子们的学习成果。

在教师活动日时，老师们把学年划分成4个学期作为纵列，年级作为横行，他们在其中填入在一个学年中通常会涉及的话题、主题和工作单元。老师们开始自发地对工作单元展开头脑风暴，而内容会自然地涵盖以下4个部分：

1.自我和他人

2.环境

3.社区

4.创意调研

这创造了一个可以容纳花园工作单元的新框架。这一步意味着他们的工作源于已经证实的成功，并非随意地东拼西凑。

学校的校训是"为了头脑、心和土地终身学习"，所有的工作单元都有关于环境或可持续性的部分，以支持学校的理念。

这个框架也清晰地表明了在向学校蓝图努力的过程中哪里还存在差距。教职员工们决定尝试去发展集中于花园的工作单元，以弥补这些差距，平衡学习过程中的各个方面，并且提供更多的可能性。

作为员工，他们建立了学校课程体系的框架——生命之岛模式——重点教授学生们关于可持续发展的方方面面，包括良好的健康状况。这成为了学校的一个关注点，学校花园作为框架的核心表明："千里之行始于足下，从学校到社区，为了健康的未来终身学习。"

"框架提供的核心单元课程体系，满足我们这样的渴望，让我们的学生可以控制影响他们未来健康的关键因素。

"……在我们学校的课程体系中，课程教学单元的层级化会非常重要。这些工作的结果就是孩子们会发现饮食健康和高频率的运动变得更加容易，这些和与自然相关的活动一起创造了一种健康而愉悦的生活。

"更新课程设置对于我们的社区是有益的，因为它将提供缺失的连接，并结合个人的需求和兴趣。这第一次给予学生们机会去真正地认识到他们自己是决定未来健康和幸福的重要因素。

"针对我们学校重点发展可持续课程体系的支持是非常多的。北臂是一个很强大的社区。学校员工、家长及广大的社区居民有着紧密的联系，并且极为关切孩子们的健康和幸福。我们教授健康和可持续方面的知识，因为我们的孩子这一代人，他们未来的健康问题和生活方式将会极其恶劣。如果他们自己不去寻找一种方法，来对抗营养不良和缺乏运动的社会潮流，慢性疾病将慢慢地压倒很多人。这样的课程体系将会告诉他们寻找方法的正确方向。"

《北臂规划文件》，2007年12月

有一些关于教学单元的建议和激发规划的设想在这一章的最后又重现了。老师们接纳了这些教学单元，并予以调整修改，同时还要考虑学生的需求、可利用的资源与课程体系的要求。每次一名老师应用其中一个工作单元的形式和内容，结果都将不同于另一名老师。即使同样的老师为不同的班级和团体上课，教学单元也会持续变化，尤其对于那些正在建设中的花园来说。

北臂学校的花园是要重新开发并进一步增加临近教室和步道的种植空间，目前正在建设中。学校与家长和社区团体紧密合作，所以新花园成为了学校和社区互动的焦点。

但是在可持续发展课程体系强调的"千里之行始于足下"之外，在所有的核心学习领域内，课程都与学校花园结合，确保课堂的知识根植于现实世界。通过学校花园，他们保证了学生有各种各样的机会参与有意义的学习活动，可以增进学业并且在所有学习领域展示他们的能力。

北臂学校的老师们将准备好的工作单元作为模板，并将可持续发展的初级学习框架纳入考量，体现在下面的方法中。

方法3

这个方法涉及种植花园的所有技术和知识，以及对关于可持续发展的所有基本问题的理解。它是一个基础的工具包，是我们社会中每一个孩子与生俱来的权利，可以保证他们拥有与自然协同工作的能力，保证他们自己和这个星球的健康。

它的汇编参考了比尔·莫里森的《朴门设计手册》，增加了大卫·洪葛兰所写的《朴门：超越可持续发展》中的一些内容，所以它具有很强的实用性，同时对于我们和子孙后代目前及未来将要面临的挑战也是一个很好的应对方法。

在小学水平应用这些理论会有不同程度的困难，因为文字是针对成年读者的，甚至对于成人来说领会其中的概念都可能有困难。但如果循序渐进地展示这些知识点，儿童就会更容易领会，并把这些观念与常识相结合。

基本知识点

老师们经常会问，什么样的技能集与知识集是为了在花园中教授和辅助理解可持续发展而设置的？基于适合学生发展阶段的学习经验和已有的认知，老师们知道从哪里入手和如何指导孩子，是规划整个学校户外探索和学习活动的开始。

这里有一个列表，试图涵盖有关学校花园教学的所有知识，它继而被扩展为关于可持续发展的一整套体系。这个列表还远未完成或细化，并不是作为老师在教学规划时的指导方针。在以后的教学计划中，老师们可以自行选择，调整或写出他们自己的方案，来作为有价值的教学工具。

选择"基本知识点"这个标题名称，是因为它们的确是自给自足和理解自然系统及其背后推动力的所有技能和知识中最为基本的。一旦了解了这些基本知识点，它们就会形成在园艺之外的不同学科领域的思考，但仍然基于这样的系统性思维：在户外玩耍、学习和成长中容易学习到的。

所以基本知识点形成了对于科学的基础认知，那些在学校花园中习得的知识随后会铸就在真实世界中思考、学习和行动的基石。

这些基本知识的学习被划分为各个不同的主题，这些主题既可以独立存在，又可以在主题性教学、项目或作为综合教学任务的一部分时合并起来。

这些主题包括：

1. 气候
2. 自然模式
3. 水
4. 土壤资源
5. 地形
6. 有生命的土壤
7. 植物
8. 动物
9. 树木
10. 能源
11. 建筑与结构
12. 朴门永续设计

每个标题下的列表可以分别对应小学部的低、中、高年级，有些活动还可以适当地延伸到10年级。对于建立在初期教学基础上的基本知识点来说，有一定的逻辑顺序。所以如果一个班级没有学习初级技能，那么可以从他们现有的水平开始学习，然后可以很快地进入到他们所在年级相对应的水平程度。

第一个主题是气候，还有很多空白等待着老师们去列出关于这个主题所有的他们已经教授过的相关知识——有一些可能只需要打个勾，这样做会识别出哪些知识点还没有涵盖。然后，换另外一种颜色的笔，老师们可以增加一些活动、练习或者教学单元来教授那些未涉及的知识点。为了节省空间及方便复印，我们不填写另一侧的空白区域。如果老师们希望做一些尝试，可以复印"基本知识点"列表，把它们粘贴到空白表格的右侧来完成它。

当填完这一页，你会很容易发现，在相应年级的主科或教学单元中，很好地覆盖了一些基本知识点，同时有一些知识点没有被提及。同样，在教学单元中涵盖知识点往往比纳入技能学习更容易。没有动手实操和观察孩子们在一系列情况和不同情境下完成任务，就无法真正习得技能。所以如果没有学校花园，掌握园艺技能是很困难的。

气　候

户外学习	跨学科教学中涵盖的知识点
小学低年级 　**技能** 　　观察天气 　　记录简单的天气信息 　　使用指南针并找到东南西北 　　看风向标 　　留意并庆祝四季的更替 　　观察阳光的路径 　**知识点** 　　不同形式的云，以及如何能借此做一些天气预测 　　风的影响和风向 　　理解冷凝和蒸发 　　湿度	
小学中年级 　**技能** 　　使用仪器测量详细的气象信息，并将这些信息与生长季节和植物品种选择联系起来 　　考察当地和不同气候带之间的气候差异或相似之处 　**知识点** 　　纬度、海拔高度以及海洋和大陆的相对位置对气候的影响 　　全球主要气候区 　　季节性变化的原因 　　干旱和洪水的原因	
小学高年级 　**技能** 　　测量和报告天气变化 　　与来自其他气候区的人们交流，了解天气对他们的粮食生产、生活方式以及应对灾害天气的方式的影响 　　对某个特定场地进行扇形分析（参考朴门永续设计中的元素） 　　设计一个人类居所或动物庇护所，同时考虑到某个特定或选定区域的气候影响 　　**知识点** 　　区域规划 　　识读地图（等高线、洪水水位） 　　全球气候模式及其驱动因素	

自然模式	水资源

户外学习

小学低年级

技能

观察自然模式

收集自然物，并把这些收集来的东西放入学生选择的分类中

知识点

自然界是由各种自然的形状与模式所组成的

自然界的模式是可重复的

相同的模式在自然界中普遍存在（自然界的许多事物都具有相似性）

不同的自然模式各有其功用

小学中年级

技能

说出常见自然模式的名字

在不同地点及不同尺度下发现某种特定的模式（或者模式的规律），例如树叶叶脉、树木枝杈、血管系统及河流都属于分支模式

列出在学校花园和操场上发现的模式

知识点

自然界中有许多很明显的数学模式

斐波那契数列就是一种模式

词汇表

识别分支、树枝状、螺旋、球型结构等模式

小学高年级

技能

将学校花园或生物区中的模式与功能连接起来

知识点

一些模式是运动的，并且发生于空气或水的运动中（埃克曼螺旋[1]和冯·卡门涡街[2]）

分形[3]几何在自然界中是可见的，并且可以通过重复一个数学公式创造出来

户外学习

小学低年级

技能

给花园浇水或者大面积灌溉

学会使用水罐或者软管

知识点

虽然水是一种液体，但可以变为气体或固体水往低处流

水对动、植物的生命是必不可少的

在炎热的天气里，我们需要多喝水

如何获取水

水的职责与用途

小学中年级

技能

精确浇灌

以毫升、升和兆升为单位进行测量

调节水流

浇灌花园

选择灌溉计划，实现最佳的生长效果和最少的水资源消耗

知识点

水循环

小溪与河流（水流的序列）

流水可以携带物质（被侵蚀的土壤）

流水可以成为一种能源

水可以溶解营养物和污染物

如何收集和储存水

在丛林或沙漠中找到水

小学高年级

技能

截获、储存和转移水

设计简单的水系统

读懂简单的等高线地图

标记等高线

进行用水审核

知识点

水的职能

测量水的体积

水压及其是如何实现的（存储高度、管道尺寸、与水源的距离）

水沿着接近90度的表面流下来

减缓及截断水流的策略

净化水及灰水系统

树形分支模式

我们人类生物区系中的水（自然水系、大坝等；个人家庭和地产策略）

地球资源	地 形
户外学习	*户外学习*

地球资源

户外学习

小学低年级

    技能

        识别和使用土壤和岩石

        从地球资源中获取所需

    知识点

        地球提供了人类所使用的所有资源

        人们已使用地球资源达数千年之久

        我们地球的历史都被储存在岩石层中

        词汇表

        黏土、赭石、盐、宝石和贵金属、化石、化石燃料

小学中年级

    技能

        用黏土制造一些日常物品并将其烧制成型

        识别所在区域常见的岩石

        从土壤中提取赭石色并用它来作画和（或）渲染

    知识点

        地球的矿产及矿产采掘

        当地矿产的常见用途

        当地的或校园的土壤层（观察土壤层，区分表土和底土以及来自何种母岩）

小学高年级

    技能

        用土砖或土团建造（模型或社团项目）

        利用设计师提取的地球资源，设计并创建一个实用或美观的项目

    知识点

        了解学习领域中涉及的建筑材料（取决于或受影响于其他科目领域的计划）

        在我们的生物区中的地球资源

地 形

户外学习

小学低年级

    技能

        沙坑玩耍

        在泥坑里加入水并用泥巴建造一些东西

        找出湿沙、干沙、黏土、淤泥和岩石的安息角 [4]

        观察我们社区中的平地及山丘

    知识点

        词汇表

        冲积平原、山丘、山岭、高山、河流、溪流、沟渠

小学中年级

    技能

        会识别该地区常见的岩石

    知识点

        当地地貌是如何形成的（水成地貌、风成地貌、板块抬升等）

        当地的或校园的土壤层（观察土壤层，区分表土和底土以及来自何种母岩）

小学高年级

    技能

        确定山的关键点

        观察并从整体景观角度为水库和池塘选择最好的位置

        为花园选址

    知识点

        地球上有许多不同的地貌，如沙漠、山脉、火山、湿地、森林、荒野、冰原及河流水系

        是什么决定了我们的生物区，如河流、丘陵和高山

        我们的生物区中所有涉及地貌的术语

活性土壤	植 物
户外学习	*户外学习*

活性土壤

户外学习

小学低年级

技能

使用手工工具在砂土和土壤中挖掘

挖坑为种植做准备（种子、扦插、幼苗和移栽植物）

认识组成花园土壤的不同成分（沙子、堆肥、壤土）

在蚯蚓农场里喂养蚯蚓

向堆肥堆中添加物料

知识点

蚯蚓的生命周期

蚯蚓的活动带来的好处

堆肥转化成腐殖质

腐殖质是在森林和其他自然系统里形成的词汇表

黏土、赭石、盐、宝石和贵金属、化石、化石燃料

小学中年级

技能

创造一个健康的土壤环境

建造一个不翻耕的花园

测试土壤的pH值

知识点

学校花园中的植物所需的pH值

腐败分解的过程

细菌

真菌

小学高年级

技能

用堆肥制作腐殖土（建立一个堆肥堆并监测温度变化及其分解过程）

使用铁锹、铲子和耙子平整土地

为种植树木和灌木准备土壤

用显微镜观察土壤中的生物

知识点

如何调节土壤pH值，以适应特定的植物物种

常见土壤生物区系的鉴定

当地的土壤状况

土地资源、耕作土壤、湿地、退化土壤和森林土地

植 物

户外学习

小学低年级

技能

采集种子进行观察鉴别

使种子发芽

从种子开始种植植物

识别学校菜园中的一些可食植物

采摘一些可食用植物当作蔬菜

知识点

种子的形状和大小各不相同

种子有其特有的传播机制

植物是有生命的

植物的生长离不开阳光、水分和土壤的养分

一部分植物是可食用的

并非所有植物都是通过种子进行繁殖的

小学中年级

技能

用种子和扦插繁殖植物

种子保存

识别健康与生病的植物

找出校园内或当地的10种可食用植物

知识点

植物的组成部分

开花和不开花植物的生命周期

杂草可以作为土壤状况的指标

杂草实际上是受损土壤的修复者

小学高年级

技能

繁殖和嫁接有用的植物

为蔬菜园、果园或花园选择合适的植物种类

成功地种植至少5种可食用植物，并持续几个星期监测其健康状况

识别5种本地原生植物

知识点

访问并观察当地的生产性种植系统

参观和观察当地的自然植被系统

如何在学校或家里建立一个植物系统

动　物	树　木
户外学习	户外学习

动　物

户外学习

小学低年级

技能

在几个星期内照顾一种动物（蚯蚓、鱼、青蛙、鸡、豚鼠或稍大的动物）并满足它的一些需求

知识点

动物是有生命的，每一种动物都有其一般性需求和特定的需求

动物的共性

动物在花园中会有多种用途

小学中年级

技能

在几个星期内照顾一种动物并满足它的所有需求

在学校花园里跟踪观察一种动物（蝴蝶、青蛙、蜥蜴）的生命周期

识别在学校花园中生活的动物，比如鸟类和昆虫

为学校花园里的动物提供住所（日间和夜间）

设置鸟箱、岩石、小池塘等，并加以观察

利用动物的产品（粪便、蛋、羽毛等）

知识点

动物以不同的方式繁殖

动物庇护所和家园

对动物的利用贯穿人类的历史

动物农场繁殖动物，以满足许多人类需求

小学高年级

技能

设计一个满足选定的动物物种所有需求的庇护所

列出一种动物的养殖需求

辨别健康或生病的动物

在学校花园系统中充分利用动物产出的产品*，这样就不会有废弃物

知识点

通过参观农场，总结一个动物系统在生物区的功用

*动物的人道主义待遇的道德问题

树　木

户外学习

小学低年级

技能

从其他植物中识别出树木

观察树木的某些功能（阴凉、遮蔽、栖息地、水土流失控制、果实、木材等）

知识点

树的特征

树的组成部分

森林不仅仅是一片树木

森林地表的组成成分动物在花园中会有多种用途

小学中年级

技能

种植一棵树

识别10种在学校花园或者当地社区中的树木

辨别健康的和生病的树

认识5个本地树种和5个外来树种

知识点

覆盖物作为森林落叶的替代物

作为一个设计系统的食物森林

不同的树木在一个自然或设计的系统中执行不同的功能

3种本地树种和3种外来树种的应用

小学高年级

技能

种植或维护一个树木系统（保护或食品生产）

识别10个本地物种

识别10种可食用树种

识别5个支持物种（那些有助于目标树种成活和生长的树种）

知识点

当地生物圈中的树木系统

利用树木来调节小气候

使用树木来生产食物

作为全球气候调节剂的树木和森林

朴门永续设计中树的应用

支持植树的社区组织，比如守护大地（Landcare）

能 量

小学低年级

  技能

    利用水流和流动的空气（风）来移动物体（桨轮、帆船等）

    植物生长需要来自太阳的能量

  知识点

    能量以食物的形式来维持植物和动物的生存与繁衍

    完成任何工作或移动和改变物体都离不开能量

    如果没有能量，一切将不会发生

    机械的运转和科技的发展都离不开能量

    来自太阳的能量储存在化石燃料中，如石油、煤和天然气

    无须使用时，请将灯和风扇关闭，以节省能源

    家用电器有能源评级

小学中年级

  技能

    观察并总结一种能源形式是怎样应用于特定工具、机器或装置的

    列举用于学校中的能量来源

    记录当地的能源传输途径

    计算你所在学校的能源使用状况以及如何节约能源的使用

    阅读并制作家庭或学校能源使用状况的图表

  知识点

    光合作用过程的基本认识

    电力网络及用于电力生产的能量来源

    能量来源：太阳能、风能、水力能、潮汐能、地热能

    能量传输方式：电流、蒸汽、压缩空气

    发现和利用能源的发展历程：

    ★ 木材是人类使用的第一种燃料

    ★ 木材供应减少，被煤炭取代

    ★ 第一个油井钻探于 1859 年

    ★ 运输需要能量；需要运输的产品，要将运输里程所耗费的能量加到生产产品的总能耗中去

    生产中所消耗的能量叫作"能耗"，又被称为一个项目的能值

    制冷和取暖都需要能量；良好的设计和配套的种植可以减少建筑物的能耗需求

小学高年级

  技能

    使用一种替代能源来实现通常需要借助电能（来自电网或化石燃料）达到的效用

    列举本地区域中使用的能源来源

    有关当地能量传输方式的报告

    能源效率评级

    使用设备来测量能源和能源效率（温度计、测光表等）

  知识点

    燃料发动机

    用于特定功能的适宜能源

    利用能源来完成工作

    地球是一个封闭的系统

    生物是开放的系统，并依赖能量的流动而存活

    建筑设计中简单的被动式太阳能利用原理

    热质量的定义及其如何影响温度的变化

    太阳能烟囱

建筑及构筑物	朴门永续

户外学习

小学低年级

技能

认识我们社区的建筑物及其用途

识别我们的社区内常用的建筑材料

列出我们的社区中栅栏的风格和材料

知识点

建筑是设计来满足某项功能的

当地的建筑材料通常需要采用当地的施工工艺

建筑物的制冷和取暖有很多不同的方法

热空气上升，冷空气下沉

冷凝过程放热制暖而蒸发过程吸热制冷

栅栏有多种用途

动物在花园中会有多种用途

小学中年级

技能

将一个建设项目与一个气候带相匹配

认识到一项建设工程的特定目标

识读简单的建筑图纸

绘制教室的比例图

制作一个简单的建筑模型

根据用途将建筑物进行分类

测量围栏的长度

准备好建造一种特定的栅栏所需要的材料清单

知识点

在世界各地的人们依据当地的材料和技术所设计的最适合的房屋和建筑物

依比例制图的技术

测量长度和面积

人们在建造栅栏时体现的文化差异

小学高年级

技能

设计一个可实现某项功能的建筑（家庭、工作场所、动物庇护所）

考虑建筑取暖和制冷的方法

考虑建筑物的供水方案

建造一个简单的围栏（用于动物或供植物攀爬）

知识点

如何确定一座建筑的位置，以便利用被动式太阳能的效应

建筑蓄热

栅栏的多种功能

简单的栅栏施工技术

户外学习

小学低年级

技能

识别一些朴门永续花园的特点：混合种植、有覆盖的种植床、弯曲的小径、贮水装置、伴生种植、复合功能、多年生植物等

知识点

朴门永续设计是一种可持续的途径，它在满足人们需求的同时，对环境产生较少的损害

朴门永续设计遵循三个基本伦理：照顾地球和物种、照顾人类及公平共享

朴门永续的技术提供清洁、健康的食品

小学中年级

技能

选择花园的位置

在朴门花园里种植食物

促进学校内部的材料回收

知识点

理解扇形分析的需要

理解分区规划的需要

观察边缘效应

朴门永续设计基于两套我们已知的原则：

1. 如何成为负有责任的生产者

2. 如何生产以及如何满足我们的需求

小学高年级

技能

为教室或学校花园做一个简单的分区规划

为花园或建筑做一个简单的扇形分析，考虑到光、热和风等元素

在学校里回收材料

在朴门花园里获得丰收

采收和备制朴门的农业产品

参与社区市场

知识点

社区需要共享资源

何时从朴门农业园里收获特定的农产品

本地交易系统栅栏的多种功能

简单的栅栏施工技术

将基本知识点作为工具

教育部门倡议的评估和报告计划要求学生切实地通过实践或者完成任务来证明他们已经深刻理解了知识点。而提问或知识测试是最简单直接的方法。但要体现对知识的理解，有必要让学生在现实情境中运用这些知识，并在各种情况下多次运用，证明他们在某一情况下习得的知识可以举一反三地运用到其他情形中。

这种评估和报告类似于职业教育领域基于能力培训的教育，即受评估者能否胜任一项任务。

学校花园提供了大量的机会，来展示知识、技能或难以在受限的教室里衡量的能力。这些能力包括：从团队协作、职业健康、安全问题、遵循指令，到种植、收获和准备食物的实操技能及人际关系。

一旦教师选好了主题，去掉那些不符合当前班级水平的内容，复印上面的列表，就可以在空白的一面填写在教学中已经涉及的知识点。

有些基础知识点用各种方式都无法覆盖，所以可以将这些内容纳入教学单元中。为了有助于学年项目规划，这些列表可以被剪切分割，放置在一张空白表格上，以便移动组合到有逻辑的组别里。每一组都将有一套知识集和一套技能集。技能集会建议哪些是孩子们需要去实践操作的，而知识集则是实践前需要掌握的知识点。

通过查阅技能集，教师可以策划一个户外活动，比如修建花园、照顾小鸡、制作堆肥、收获和销售花园里的产出，这样就可以兼顾所有未涉及的知识点。通过查看相关的知识，老师将能够看到学生所需要的课程或指导。

现在在你的草稿纸上写下宽泛的教学单元名称。（在这个章节的最后，准备了一些教学单元的模板，可以参考其中的单元标题命名方式。）任何不符合标题的知识点，可以移到其他单元中。

你的草稿纸上的内容可能已经明确了花园实践工作的需求，比如去尝试了解另一个气候区域和识别可食用的植物，在这种情况下你就会去寻找一个关于食物花园的主题。那么我们可以使用"建设一个披萨花园"为主题名称来制作一个模板。这样你就能理解模板的用法并做必要的调整。

将模板作为一种规划工具

在空白模板上直接开展工作是很便利的，所以复制一份模板然后开始工作吧。

首先进行整体概览，然后头脑风暴一切你认为能做的事情。有一些能马上想到，而有一些在你回去填写模板、琢磨不同的标题时会被激发出来。

其他学科领域可能需要注入一些兴奋点，这些学科可能是数学、阅读、写作或者任何需要连接到真实世界和自然的主题。这种结合越自然越好，过度设计与单一的课程会变得很乏味，如果孩子们一天里所做的事情都是关于披萨或花园的，他们也会失去兴趣。但是你可以根据教学单元持续的时间来考虑加入下面的内容：

- 找到或撰写一个披萨饼的配方
- 研究披萨饼中用到的食材
- 写一篇关于披萨饼起源的报道
- 定位披萨饼的地理起源
- 描述地中海气候
- 地中海国家的习俗、食物和服饰
- 一位来自意大利的来访者，对他进行采访并报道此事
- 创意写作，如"拒绝被吃掉的披萨"
- 来自意大利的歌曲、诗歌和艺术
- 研究意大利的主要城市
- 绘制关于健康自制披萨的海报
- 制作生面团
- 为什么披萨是圆形的
- 测量标准尺寸的小、中、大号披萨的直径
- 称量标准尺寸披萨的重量
- 探讨披萨的最佳价值

👁 计算自制披萨的花费并与商店买的披萨做对比

👁 制图说明整个年级最受欢迎的比萨饼顶料

这个列表潜力巨大，可以不断延续，这取决于课堂、花园与社区所需，以及孩子们的学习需求。

如果孩子们主动提出他们想知道或能做的一些事情，就会有更大的兴趣和投入。可以让他们来提问或建议一些活动。

一旦你将你的思路、想法和学生们的意见进行整合，随后就可以使用教学单元计划模板来构建教学单元了。

1.标出工作单元和年级层次、预期的教学时间，以及你会需要利用学校里的哪块场地。

2.写一个关于你可能要做的事情的简短综述并汇报，列出问题清单或者有待探索的事物清单，作为头脑风暴的成果。

3.检视你所教年级的基本知识点，选择那些符合你的综述的内容（或者复制那些你已经在草稿中确定的内容）。

4.通过将本单元作为一个焦点，可以添加贴近现实并与生活相关的基本技能和概念。

5.列出你希望改善的价值观以及通过本次教学单元希望形成的行为习惯。

6.在任何领域都可以有特殊对待的内容。这些可能是基本技能或数学运算，它们依赖于作业单和课本，常常变得有点乏味；也可能是对于某些问题的态度或价值观，如校园欺凌和种族歧视等。实践老师将会非常留意这些特殊领域，将其当作一个对于任何团体都需要强调的常规内容。

7.列出需要被强调的教学过程。这让老师有机会以特定的方式来处理某些过程，以确保一个多样化的教学过程，让学生们保持兴趣高昂，并提供丰富多彩的活动。

8.列出尽可能多的新词汇，并添加那些可能在教学单元进行中突然出现的新词。这个词汇开发的内容可以被纳入拼写和书面表达的课程。

9.基于上述1～8点的内容（知识点、基本技能、价值观和行为、词汇、特殊处理的情况和需强调的教学过程）为所有课程设置做出评估。然后列出评估工具。这些可能只是活动的记录材料，或者你可以选择创建测试题、猜字谜的游戏和相匹配的活动来检验对课程的理解程度。

10.报告将会涉及如何把工作单元的结果与学生、家长和后来负责的老师沟通。列出报告所用的媒介，比如清单、陈述报告、照片记录、汇报、报告卡片或者其他形式。

11.随着时间的推移，老师的评价对于教学单元的改善、花园的发展及其与课堂教学的关联度都至关重要。这部分工作应该在一个教学单元完结时就完成。在范例中展示一些典型的评论，提醒你这个部分有何益处。

评估和报告

如果你觉得上面的第9点操作起来有些困难的话，就可以在你的草稿上列出一个清单，包括通过这个教学单元的工作可以学习和示范的所有技能、知识、行为和价值观。

通过引用下述内容建立清单：

1.基本知识点

2.与年级水平相对应的基本技能

3.政府或学校政策要求的价值观和行为规范

4.任何难以用常规方式来进行评估和处理的特殊技能、知识、价值观和行为，即特殊对待领域

5.需要强调的教学过程，教学单元会因教学过程的不同而不同，教师可以通过在不同的教学单元中安排不同的重点内容来平衡思考、学习和表达的过程

如果不是基于一个多样化的背景（如考虑到户

外学习时的情形），团队工作的情况就是难以评估的。室内教学严重依赖于学术能力，而有一些孩子会觉得这是一件非常痛苦的事情。实践活动远离了触发他们自卑感的教学情形，同一个孩子可能在户外团队中脱颖而出。

在户外工作时，健康和安全问题也更为重要。而有一些内容已经在前面的章节中讨论过了，这使得户外学习的评估显得尤为重要。

只有当你确定了什么是孩子们应该知道和能够做到的事情，你才可以开始计划如何评估这种知识和能力。列出活动和课程的清单。一些课程可以引入新的信息或作为活动内容。实际上，以上的一些做法可以作为评估的一部分，你可以使用核对清单列举出相关的技能和知识。

当核对清单还不足以用于评估时，就需要依靠

其他证据：列表、报表、工作日志、已完成的活动表、测验成绩等能表明学生能力的材料。

你所面临的团体、资源和限制各不相同。这个教学单元模板是为某一特定群体而制定的，它在这里仅用于展示花园教学的样板和潜力。

教学单元建议

一些教学单元被设计来向你传递一个观念，而与之相关的信息往往蕴含于一个特定的标题中。

设计一些通用的标题，那么各个州的教师都能通过改编使其适应各地的教学指南。任何教学单元标题模板，会因不同的基本知识点和课程要求而大相径庭，但都可以适应任何年级。

以下的课程没有什么指定意味，只是为了让教师们了解将户外活动融入课程是完全可能的。

教学单元	标题	年级	历时（周）
1	种植一个披萨花园	高年级	8
2	盒子里的午餐	中年级	6 ~ 12
3	雨后花园	中年级	2
4	神奇的种子	低年级	4 ~ 8
5	自然中的模式 斐波那契数列	高年级	2

澳大利亚本土蜗牛展示了斐波那契数列的螺旋纹样式。

标题： 种植一个披萨花园	年级： 小学高年级	历时： 8周	使用的户外区域： 菜园、黏土披萨窑、温室、 教室外的盆栽

概要

列出制作披萨饼所需要的蔬菜
列出所有配料及获取途径，核算购买的披萨饼成本：一个现成做好的，一个自家烹制的，一个含有自种食材的
找到这些蔬菜的原生地并识别它们来自哪个（哪些）气候带
描述蔬菜的最佳生长条件
准备一个花园种植床，用适当的方法种植蔬菜，并生长期间照顾植物
收获蔬菜
备制比萨饼
使用黏土披萨窑来烤制披萨
关于意大利文化及其对澳大利亚生活方式所做出贡献的欢庆活动

课程链接范畴

1.基本知识点

气候
与其他气候区的人交流，谈论气候对他们的粮食生产、生活方式的影响，以及他们应对气象灾害的方法
地中海气候以及在这种气候条件下生长良好的植物

朴门永续
找到最佳位置和时间来种植一座披萨花园（排水良好、阳光明媚、湿度低的地方）
使花园丰产
收获和备制产品（披萨饼）
收获的时间

树
认识橄榄树

活性土壤
移动土壤
准备种植土
测量并调整土壤的pH值

植物
物种的选择
种植5种不同的植物
检测植物的健康

2.适合本年级水平的基本技能和观念

数学
圆的属性
用柱状图和饼状图统计披萨馅料的偏好
预算成本核算，比较商业披萨和各种自制披萨的成本
图形化比较

写作表达
食谱
撰写关于披萨日或披萨产品的广告
关于橄榄树的报告

地理
意大利，意大利的主要城市
意大利的气候和地貌
给意大利的学校写电子邮件

文化学习
意大利的生活方式、食物、服饰、特别节日，邀请意大利访客来到课堂
澳大利亚的意大利移民和文化效益

艺术
意大利著名的艺术家、雕塑家和画家

阅读/研究
意大利在时尚、汽车设计、家具等方面的智慧

3.价值观和行为习惯
赞赏澳大利亚文化的多样性，重视多元化
以从花园到餐桌的方式来生产食品为荣，在此过程中获得个人成就感
良好的健康饮食
食物和进食的社会意义
重视文化遗产

4.特殊教学领域
使数学课与现实世界联系更紧密
在花园的建立、种植、成本核算和确定产品数量时结合大量计算，以显示学习数学运算的相关性，并通过数学计算获得正确的方案

5.需要强调的教学过程
计划、观察、预测、共享

词汇表

批萨、意大利、意大利人、地中海、圆形、线段、扇形、直径、半径、生面团、选择、酱料、辣椒、西红柿、洋葱、大蒜、奶酪、茄子、蘑菇、奶酪、软、酥、脆、厚、薄（更厚、最厚）、烤箱、土块、烘、烤、揉、分享、分数、一半、四分之一

评估工具

1.基本评估元素
花园建立
花园日志完成
花园设计、所需材料清单、花园成本计算、灌溉方案
pH值及其如何能够（或已经）有所改善、物种名录
收获农产品
工作表
备制披萨饼，并在监督下观察（或计时）披萨烤炉的使用

2.基本技能
绘制精确的图表
关于橄榄树的报告
在地图上找出5个意大利城市，并将其与著名的地标、人物及发明联系起来
披萨日庆祝活动：烹制比萨饼、服装、艺术作品、向一个或多个组交付材料
意大利音乐、歌曲和舞蹈
学习一些意大利单词和短语

3.价值观和行为习惯
披萨日庆祝活动：蔬菜和披萨的风味和品质
花园的工作日志
与意大利裔后代之间的关系

4.特殊教学区域
提升对数学的兴趣
在计算中提高精确度
技能和态度向数学的其他领域及其他学科转移

收集的成果清单

照片、给意大利学校的电子邮件、配方、图表、花园的工作日志、关于橄榄树的报告、海报、关于意大利城市的测验.

报告和评估

拍摄照片和视频给父母看或者摆放在门厅向父母展示
学生自我评价，并汇报他们在花园里取得的成功、他们制作的披萨以及庆祝日的成功举办
在这个教学单元，老师通过坊间评论来对目标学生的行为和价值观进行评判
（如有些学生对地中海种族背景表现出某种文化偏见；有些学生不认可数学与日常生活的相关性等）

评价（在此活动后可以考虑以下事项）
花园场地非常适合这样的活动
蔬菜成熟所需的时间长于预期
得到来自意大利的社区成员的良好支持，下一次将需要更大的场地
图书馆资源需要更多地涉及意大利艺术的参考资料

标题： 盒子/花盆里的午餐	年级： 小学中年级	历时：6~12周	使用的户外区域： 窗台、阳台、接近教室的空间或盆栽棚、 种子花园

概要

健康饮食，讨论新鲜的食物、本土种植和有机食品的价值

研究并选择用于沙拉和（或）用于煸炒的蔬菜品种，以及它们如何在塑料盒、花盆或大罐子里生长

决定一个物种的选择过程（调查、个人选择并将调查结果绘图）

研究所选物种的生长需求，准备栽种容器

从种子花园里的植物上收集种子或从学校种子库里获取种子

选择种子或秧苗（合适的水平），培育种子达到幼苗的大小

种植沙拉蔬菜或煸炒蔬菜，观察植物的生长，对植物的生长需求给予响应

测量植物的生长情况（在适当的水平）

对比不同品种以及不同环境、位置下植物的生长情况

用恰当水平的数学和语言词汇来记录测量和对比结果

研究沙拉和调味品的食谱

记录煸炒蔬菜的食谱

收获并享用沙拉和/或蔬菜

用塑料或玻璃容器覆盖在一个或多个种植容器上，来观察或比较对植物生长的影响

适当水平的水循环研究

有关食用煸炒蔬菜与沙拉蔬菜的文化群落研究

让来自这些文化群落的访客为班级做演讲和展示

课程链接范畴

1.基本知识点

气候

通过收集到的天气细节来决定种植的最好时机和最佳品种，以保证能从盒子或花盆里种出我们的午餐来（季节性知识的复习）

将有关气候的信息与煸炒蔬菜（亚洲绿叶菜）的文化角度联系起来

研究不同纬度和经度下的色拉蔬菜或绿叶菜品种，以及它们在传统烹饪中的用途

水

灌溉花园，水能溶解植物所需的营养物质

收集并储存种植沙拉蔬菜或煸炒蔬菜所需的水

地形

在种植盒或花盆中模拟自然排水系统来创造一个排水装置

朴门永续

通过区块分析找到放置种植盒和花盆的最佳场地

第1区是接近住家的

如何成为一名有责任心的耕种者，如何通过种植自给自足

活性土壤

创造健康的土壤，检测土壤的pH值

植物

通过收集到的种子来进行繁育，判别健康和生病的植物，认知10种可食用的植物

2.适合本年级水平的基本技能和观念

数学

图示食物的偏好，并用比率或分数的形式来表达

计算用于种植盒或花盆的土壤混合物体积

计算/测量用于作物生产的灌溉用水的体积

实际应用中的四个基本操作和解决问题的能力

为这个项目做一个预算（所需物料的花费）、称量收成并估价

制定一个时间表（日期和月份）

科学

植物的组成部分，植物繁殖，植物生长

可能在种植箱或花盆中出现的昆虫，确定在花园里有益或有害的昆虫

阳光和温度对植物生长的影响

研究一些所选植物的地理来源

食草动物、杂食动物和食肉动物

水循环（生态缸制作活动）

文化研究

选择一个在他们的文化里使用课程中所选择的蔬菜的文化群体

研究这个文化群体的饮食、服饰、语言和文化习俗

讨论文化对自己的影响

写作

通过以下体裁来体验：

列表、报告、菜谱、说明介绍、日程安排、海报（健康午餐）及一些创造性的写作和诗歌

阅读

时间表、种植指南和说明书、食谱和相关研究

健康

健康饮食、人类营养、人类所需要的食物

饮食类型（素食者）

3.价值观和行为习惯

良好的规划将获得理想的结果

只有好的思考和规划才会带来持续的良好成效

研究会带来更好的规划

图示表达可以清晰地展示我们收集的数据

从事园艺时，你可以从一个错误中学习到很多

自给自足，成为一名生产者而不只是一位消费者，是有诸多益处的

新鲜的有机食物非常有助于我们人体获得最佳的健康状态

4.特殊教学领域	**5.需要强调的教学过程**
教师可以选择任何与这个主题相关的领域，这些领域在趣味性、参与度和真实性上其实应该发挥得很好 具有潜在的振兴和推动力的领域，这可能是这个教学单元中最特殊的地方 数学、文化研究和科学	测量、绘图、研究 计算、记录、报告 种植、收获、备餐 （老师可以强调任何在其他课程中没有充分展现的过程）

需要理解的知识点

规划将产生一个更好的产品

所有的经历都是一次学习的机会

你可以为自己提供合适的技能、知识和资源

食用新鲜的食物会有助于身体健康

地球大气层中的水量是恒定的，但是它会变换形式和转移地点

土壤中的养分被我们种植的植物所摄取，然后被食用植物的动物和人类所吸收

只有土壤健康我们才能健康

微观世界能表现出与宏观世界中一样的全球进程，并且这些进程发生在地球的各个角落

词汇表

种植、繁殖、传统品种、种子库、视角、排水、选择、病虫害管理、培育种子的混合基质、土壤测试

评估工具

1.基本知识点	**2.基本技能**
做调查，以照片或图表的形式记录信息 研究适合制作沙拉的植物品种，并用一份沙拉的形式展示它们 建立、维护、收获、备制蔬菜沙拉（记录在日志里或作为一个核对清单） 制作海报或演示文稿，以展示对于人类营养和健康饮食的基础知识的理解 种植沙拉蔬菜或煸炒蔬菜并备制一份沙拉	解决与沙拉蔬菜或煸炒蔬菜的生长、维护和收获相关的简单的数学问题（四个基本操作以及关于长度、体积和重量的一些测量） 制定所选品种、任务或所需资源的清单 水循环图填空练习 基于花园工作的阅读理解和段落完形填空练习 遵守预算
3.价值观和行为习惯 教师的核对清单、日志记录 行为变化的观察 工作态度的改变或改善 理解或动机	**4.特殊教学领域** 文化学习 对其他族群成员的态度转变 愿意尝试来自另一种文化的东西 **数学** 兴趣增加、参与性和准确性 教师可以设计一个带有成果产品的活动，这个成果将能够说明在教师选定的特殊教学领域内开展的工作 这个成果随后也可以成为评估工具

成果收集清单

教师将从他们在这个教学单元中设计的活动里创建这个清单并且应该涵盖各种辅助手段

活动应具有多样性，包括写作（报告、已完成的工作表）、绘画（海报和有插图的记录）、演讲（口头报告、演示文稿汇报）及行动（示范、工作小组）

报告和评估

这个单元的报告最好可以通过记录和分享产品的生长和收获过程来进行

邀请家长和校长享用由种植盒中的植物做成的午餐，或向他们展示视频、照片

日志上的评论会告知家长和继任的老师如何在学生的价值观和言行举止方面进行引导

其他成果的汇报可以用其他的主题展现，这些主题往往展示了在关键学习领域的技能和知识

评估

这将取决于在这个教学单元中，哪些有效果，哪些没起到作用

与其他学科更进一步的链接潜力，以及这个教学单元是如何在核心学习领域激发学生的兴趣的

教师在规划未来的教学单元时应该使用上述信息，并告知其他老师，因为他们可能也希望在自己的班级中使用这样的教学单元

标题： 雨后花园	年级： 小学中年级	历时：2周	使用的户外区域： 菜园、灌木丛
概要		这个单元的设计可轻易改编并适应小学低/高年级学生	

观察雨后的室外区域，这可能是一处花园、操场或丛林的区域

孩子们可以自己发问，或由老师给予他们一个问题清单

应该让他们有机会做出自己的观察，并就这一领域提出自己的新问题

学生可以用文字、图画或照片的方式来记录这些问题的答案

鼓励学生摸索出自己的方法，来报告他们的观察成果

问题示范如下：

☽ 这次降雨的降雨量是多少？这次降雨发生在什么时期？

☽ 对于一年中的这个时段，这次降雨是典型的还是反常的呢？与其他年份的降雨相比如何？

☽ 花园中有没有元素在下雨期间移动了？有哪些？移动了多远？

☽ 你能指出水流的方向吗？它是如何流入和流出花园区的呢？

☽ 降雨产生了什么有利的影响？

☽ 降雨产生了什么不利的影响？

☽ 下雨是否对植物造成了损害？哪些植物？

☽ 如何将降雨的破坏降到最低？

☽ 花园是否有任何生物对降雨事件及雨后环境产生了反应？什么样的反应呢？

☽ 我们能否更好地利用降落在校园里的雨水？

☽ 当雨水从我们的校园流出时，是干净的水吗？

课程链接范畴

1.基本知识点

气候
使用仪器测量天气详情
与季节性图表联系起来
季节性变化的原因
洪水爆发的原因

模式
由水流形成的树突状或枝状模式
河流、三角洲

水
溪流的秩序
水会溶解营养物质和污染物
流水中携带的物质
纵观世界各地的水系

2.适合本年级水平的基本技能和概念
用当地的降雨数据作图
季节
测量和表达
持续的时间
以毫升为单位测量液体体积
用减法找到比较差异
文献研究
阅读历史和最近的新闻中关于本地洪水的信息
写一条新闻，讲述发生在花园里的洪水
阅读地图和使用比例尺

3.价值观和行为习惯
听从指导
坚持在户外的工作
持续进行在户外开展的任务，才能保证任务的完成
充分重视计划良好的设计（在这种情况下，会降低土壤侵蚀程度）
户外观察是学习活动的一个重要组成部分
人们可以向大自然学习

4.特殊教学领域
语法
形容词：识别、罗列并在书面表达中使用合适的形容词
数学：比例图绘制

5.需要强调的教学过程
观察、记录、报告
研究（降雨数据）
比较、预测、查询
标识和测量

需要理解的知识点
过去的信息可以预示未来的问题
等高线达到（或接近）90度时，水会奔流而下
一个事件对有生命和无生命的东西都会产生影响
天气事件形成了我们所知道的世界
了解自然过程使我们能够创造适合人类定居和粮食生产的好设计
人类一直观察并回应自然的力量
保持准确的记录，将有助于后人做出更好的决策
后果由事件和行为造成

词汇表

季节性、非季节性、树枝状、比较、比例、洪水泛滥、淹没、动量、力、泥沙淤积、暴雨、降雨事件、旋风、溶解、携带、腐殖质

评估工具

1.基本知识点
绘制花园的地图，显示出观察到的水的运动
观察记录表/日志条目
绘制枝状图
描述覆盖物的好处，减缓水流并固坡
针对植物健康制定合适的工作表
就一个动物及其对洪水的响应（主动应对和/或被动应对）撰写报告

2.基本技能
条形和柱形图
将活动与雨量数据和季节配对，并显示它们之间的关联性
涉及体积的问题
报告、陈述或者谈论从文献研究中获取的信息
班级水灾新闻
关于学校花园或灌木丛遭遇洪水的报纸文章

3.价值观和行为习惯
正确地按时完成工作表
通过改变水流方向来防止水土流失的好建议

4.特殊教学领域
包含恰当形容词的洪水新闻报道

成果收集清单

关于花园水灾的报纸文章
花园日志中关于花园工作、团队合作和参与程度所发表的评论
工作表、日志条目
报告或演讲
解决的数学问题
枝状模式绘图

报告和评估

报告可以通过任何与主科学习相连接的领域来完成
关于需强调过程的任何特殊报告，可能会支持一个报告卡或学生记录卡上的其他意见
给家长的报告可能会以夜间汇报的形式呈现，关于学校的大雨事件以及未来调解任何突发事件的计划
这可能会成为一个媒体研究项目的一部分

评估
对于评估，教师可以在这里提出意见，如这个教学单元对学生的价值（整体的以及对特定学习领域的）
在这里记录什么发挥了作用，而什么没起到作用
如何在未来加强一些活动，以及哪些活动是可以从这个教学单元中剔除的
陈述时间的长短是否合适和任何特殊的后果
记录任何对你所在学校的老师有所助益的内容，他们可能会复制学习经验中最好的部分，或在接下来的一年中追踪另一个项目

标题： 神奇的种子	年级： 低年级	历时： 4～8周	使用的户外区域： 菜园教室旁边的花盆、温室

概要

在水果和蔬菜里找到种子
确定种子属于植物的哪个部分
学习它在植物生命周期中的作用
将发现的种子种到教室旁边的花盆或遮阴棚里
把种子催芽，然后拌在沙拉里在午饭时享用
列一个种子清单，入选的种子必须同时是一种宝贵的食物来源
列出（或图示）我们日常饮食中会吃到的种子
比较一粒种子和成年的植物（或者树）的大小（原则：使用小而慢的解决方案）
种子是如何传播（散布）的
根据大小、颜色、形状、传播方式或植物的科属来给种子分类
选择用于种植的种子
了解一颗种子的需求
温度、土壤的深度及水的需求
了解新生植物的需求（营养、光、水、温度、遮蔽）
满足一颗种子的需要并将它培育成一棵成熟的植物

课程链接范畴

1.基本知识点
气候
注意特定种子的最佳种植季节
大多数种子在温暖的土壤里能有最好的萌发过程

模式
种子包含所有成年植物的信息
种子有一个包含无穷变化的模式

水
水是植物生存和种子萌发必不可少的

活性土壤
挖洞，准备种植种子和幼苗
土壤是最基本和最重要的，因为
它提供生长支持和营养

植物
收集种子用来观察和鉴别
种子催芽
从种子开始种植植物
不是所有的植物都有种子可以用于繁殖

树
识别并从树上收集种子

朴门永续
朴门永续技术能提供清洁和健康的食物
种子保存是一项古老且重要的活动

2.适合本年级水平的基本技能和概念
科学和技术
种子萌发的过程、生命周期、植物的组成部分、有效的形状和传播种子的技术
将传播种子的设计与发明创造（直升机、尼龙搭扣等）连接起来
种子保存技术

数学
计数和简单的加减法，可以由重复的加法拓展到乘法，或重复的减法拓展至除法基数和序数词，
如第三颗种子是利马豆（lima bean）等水果/蔬菜的种子是奇数还是偶数的，并用照片图示结果

阅读
种子的名称和所需的生长条件
相关的诗歌和文学
遵循种植说明
阅读《小红母鸡》这本书

写作
列表整理出水果、蔬菜和树的种子
创意写作，如《……种子在落地生根前的旅行》

手工
种子马赛克
把种荚变成有用的东西，如容器或乐器

音乐
用种子乐器进行一场音乐演出
学习有关种子和萌芽的歌曲
打击乐器

其他文化
古代和其他文明使用种子的不同方式

3.价值观和行为习惯
小而慢的解决方案是最好的（阅读《野兔和乌龟的寓言》）
在观察自然中学习是一项终身教育
种子是无价之宝，因为它们不能被发明创造或由人类制造出来
种子保存是一项重要的工作，因为人类文明依靠种子保存（这使得我们每一代人都拥有可发芽成长的种子）才得以延续数千年

4.特殊教学领域	5.需要强调的教学过程
计数和序数词 解决问题的基本操作 小组工作 操作小物品，并把它们放置在预定的位置	观察、计数、分类 测量、操作、保存和贮藏, 播种、促使发芽

需要理解的知识点
我们可以保留种子来种植新的植物
种子包含信息
这些信息会在发芽时释放出来
种子拥有有效的传播机制
可以观察这些机制并充分利用以满足设计的需求
人类文明已经依赖农业有万年之久了，而农业又离不开种子的保存
有活力的种子对粮食生产至关重要
粮食生产对人类健康至关重要

词汇表

种子、幼苗、萌发、发芽、催芽、植物、信息
在外面、在里面、小、大（形容词比较级——小、较小、最小）
描述性词语，如硬的、软的、圆的、椭圆形的、棕色的、黑色的、蜡质的、包裹着的
包含、播种、收割、生长

评估工具

1.基本知识点	2.基本技能
工作表 将种子与植物匹配，选择最好的比较级形容词 摄影记录 孩子们们收集的种子以及他们自己的分类系统 老师的检查清单 明白种子是有生命的，它们包含成年植物所有的信息 以小组的形式收集、育芽并种植种子 海报或绘画：本周的种子 种植并培养植物，让它长得枝繁叶茂或长到能够成功繁育的程度	将种子照片与分散式作画的图片相匹配 用种子来进行适当水平的计数并执行简单的数学操作 为班级的种子银行进行种子收集和分类 图示最喜爱的水果，画一幅画或绘制一个条形图 创建列表（植物名称、发芽所需的材料） 关于种子历险记的课堂读物或个人故事（口述或书面） 阅读简单的名称和种植建议（适当级别） 种子的图片（演示操作技能） 用种子制作的乐器
3.价值观和行为习惯	4.特殊教学领域
种子是一种宝贵的资源 有序的存储使得事后能更容易找到需要的东西 种子银行 做好一份工作可以确保一个好的结果 团队协作 组织 良好的职业道德	数学与现实情况紧密相连，孩子们会自发地将它作为一种工具来使用，以解决现实生活中的问题 孩子会更多地表现出对生命的尊重并且会满足植物和种子的需求，而无须指导 提高操作小项目的能力

成果收集清单

工作表、解决的数学问题或其他问题、有标记的种子收集、种子列表、已经种植的花园区域或种植盒
一件用种荚作为容器或制作材料的艺术品或手工作品
老师的工作表和照片

报告和评估

本学习单元的工作报告可能含有所有主科学习领域的内容
具体的报告可能会由一个特定的话题展开思路，例如学校花园和可持续性
关于理解力、技能和行为规范的评论，会让家长和随后的老师了解孩子的强项和需要进一步改善或加强的地方
播放视频和就特殊事件向家长演示汇报，也会有机会展示花园和孩子们习得的基本技能

评估
资源评论
启动活动所需的次数
工作表的有效性和评估方法将提供有价值的信息
当再次开展本教学单元或其他老师在未来将其纳入他们的计划中时，这些信息就会派上用场

标题： 自然模式 （斐波那契数列）	年级： 小学高年级	历时：2周	使用的户外区域： 花园、菜园

概要

孩子们将探索户外，寻找模式并对所发现的模式进行分类（这也是数学中的集合论）

我们预期的两个模式是螺旋模式和分支模式，这些都反映了斐波那契数列

收集图片并找出具有螺旋或分支模式的物体

分类放置，创建集合和交集（维恩图5）

探索自然螺旋背后的数学模式，发现斐波那契数列（1，2，3，5，8，13……）

通过一个上升的斐波那契数列画出一个螺旋

在花朵中寻找斐波那契数列，如花瓣的数量

将斐波那契数列和/或数字应用在艺术作品中（观察绘画或模式创作）

使用各种介质展示模式的使用并记录自然界中的模式，如木炭画和油毡浮雕版

画或彩纸的阴刻和阳刻得到的图案（可预测的重复模式）

收集能表现斐波那契数列的项目和活动

使用螺旋的动物（有壳软体动物）

植物的螺旋形状（正在展开的蕨类植物的叶子）

课程链接范畴

1.基本知识点

发现不规则碎片形、分数维形

风中的模式（埃克曼螺线6）

水中的模式（冯·卡门轨迹）

定位和识别对校园环境造成影响的流动空气或水的模式

寻找多风和背风处

设计一个防风林或发现花瓣和种子（向日葵）里的斐波那契数列

在生物区里辨别相同的模式，描述它，把它画下来或拍照记录，评论它的有用性，或如何能增强或改进其效用

设计一个生长的篱笆，来给操场局部遮阴

2.适合本年级水平的基本技能和概念

数学

数列和模式

集和与交集

研究模式的形式和功能（图书馆和互联网）

比率

计算斐波那契数列的下一个数字（附加练习）

创建一个数列模式并重复5次

科学

软体动物（有壳）和螺旋形式

艺术

著名艺术作品中的黄金分割率

创建可重复的模式

叶子的线描图（或拓片）及分支模式

3.价值观和行为习惯

数学对于理解这个世界是很有意义的

生物和非生物之间存在着某些联系，这些联系可以用数学公式来表达

我们可以应用从自然中学到的功课来造福我们的生活

我们可以通过观察来学习

自然教授给我们很多宝贵的知识

4.特殊教学领域

把数学变得有趣，在基本操作和解决问题的能力之外，学会用数字来处理问题

魔方

自然界中的数字，用于建筑和绘画的黄金分割率

列奥纳多·达芬奇的其他发现

曼德尔勃特集合7

5.需要强调的教学过程

观察、计算、预测、分类

描述、研究、报告

需要理解的知识点

模式是可预知的重复序列，它们在自然界中以多种形式和种类出现

自然模式具有某些功能，人类可以复制合适的模式来满足所需的功能

人类可以通过数学来理解这个世界

与自然协作（而不是与自然对抗）需要更少的能源和资源

词汇表
描述模式和形状的词汇：树突、分形、网、螺旋、重复发生、可复制的、重复的、软体动物门、鹦鹉螺、分支、树木学家、河流、支流、树墙

需要使用的评估工具

1.基本知识点
写有观察记录的学生日记和日志
列出以斐波那契数列为花瓣数量的植物
列出遵循斐波那契数列模式的水果和蔬菜
描述（以报告或海报的形式）学校里的一种模式或影响到校园环境的模式
防风墙设计
该地区的模式；
照片、报告、视频报道

2.基本技能
教师清单表明孩子们将物品进行分类的能力，形成集合各个类别的照片
测验或配对题练习，表明孩子能够预测数列中的下一个数字
有意义的加法操作练习（3+5=8，5+8=13，8+13=21等）
画出集合与交集
显示重复模式的艺术品
使用模式来做一个手工作品（利用可重复性）
选择一种软体动物（有壳）来进行报道或制作海报
描述并撰写植物或动物的模式
测量黄金分割率
推定黄金分割率
列出使用黄金分割率的著名建筑和艺术作品

3.价值观和行为习惯
教师观察数学课上学生的态度和行为的变化
关于观察技能的教师检查清单

4.特殊教学领域
数学
让数学课与自然发生连接，并在花园和艺术课中运用数学
提高做加法的精度和速度

成果收集清单

日记、日志、照片
教师核查清单——对数学的兴趣、观察力
报告、海报、列表
防风林设计
绘图、测验、配对题练习
书面表达并以适当的水平开展研究
加法运算测试的准确性和速度

报告和评估

　　在本学习单元的报告可能会跨越多个学科领域的界限

　　这些可能是艺术、手工艺、数学、科学（生物、地理或植物）、阅读、写作（多种体裁）、观察能力、报告/媒体能力、研究能力等因此，核查清单和成果将作为学生自评报告的有效形式

评估
这里你会讨论：什么起到了作用，而什么没有；在将来你可以如何使用它；
如何建立本教学单元的工作，以及在进一步开展工作时的具体任务
它对于下一次教学单元的改进以及与其他主题领域的链接是相当宝贵的内容

建议的教学单元名称:

1. 季节性变化（春、夏、秋、冬）
2. 自然模式（树枝状模式）
3. 暴风雨之后
4. 好吃的植物（美味食物）
5. 花园手作（乐器、玉米独轮车、稻草人）
6. 回收废弃物
7. 建造一个螺旋花园
8. 蚯蚓
9. 我们使用的能源
10. 我们的节水花园
11. 灌木林里的小伙伴
12. 美妙的水果
13. 小动物们
14. 花园小助手（蜜蜂、蝴蝶、小鸟、蜥蜴）
15. 鸡
16. 有鱼的小池塘
17. 此土非彼土
18. 沙漠中的花园
19. 在寒冷气候中种植
20. 适应气候
21. 本地资源

教师能够提出数百个这样的标题来，但这取决于能获取的资源和孩子们的需求。

Part V

卡罗琳·纳托尔

头脑风暴

爱德华·德·博诺（Edward De Bono）在1985年提出的"六顶思考帽"，在讨论一个新项目的第一阶段时是非常有用的。它是一个开展头脑风暴会议的方法，即一个构建讨论内容的框架。

它涉及六顶不同颜色的帽子（打个比方），每一顶都有不同的功能，例如白色帽子关注目标、事实和数字。该小组就需要集体讨论关于这一主题的客观信息。然后他们转移到红色帽子，给予这一概念个人情绪上的反馈，这些包括可能使他们感到愤怒或恼火的东西。黑色帽子代表消极的反对意见——为什么不能这样做。黄色帽子是阳光而积极的，包含所有人对这个项目抱有的期望。绿色帽子代表创意，在这里要记录下来关于成长和变革的新想法。蓝色帽子代表天空和大局观，在这里讨论的是摘要、结论以及从何处着手下一个想法。

以下是为一所小学的校园花园项目进行的一次头脑风暴会议的副本。如果你是第一次使用这个方法，或许下面的描述会对你有用。"帽子"的颜色顺序是任选的。有些人喜欢从红色帽子开始。以下内容仅仅是对整个过程的指导和参考，我们更鼓励你去表达自己的想法。

白色帽子

"白色帽子"代表事实和数字，其立场是中立的、客观的。

- 儿童肥胖呈上升趋势
- 匮乏的食物选择
- 对粮食问题的理解有限
- 精神障碍增加，如多动症
- 儿童游乐受到持续的监控

- 儿童能很快学习新技能
- 我们正在丧失低科技的技能
- 童年的活力会在室内环境里衰竭
- 儿童间恃强凌弱的行为成为难题
- 校园空间大多适宜开展体育活动
- 大量的土地被学校的操场所占用
- 孩子的娱乐多基于各种电子屏幕
- 在学校时，孩子喜欢在户外活动
- 孩子们更愿意谈论切实可行的办法
- 我们都面临着严峻的环境问题
- 孩子需要呼吸新鲜空气
- 孩子在室内学习

红色帽子

"红色帽子"代表情绪。你有什么反应、预感和印象？什么让你生气或恼火？

- 日常学业已经让孩子们负担过重
- 我讨厌变化，这只是另一个变化而已
- 建立学校花园太昂贵
- 学校更关注诉讼问题，而非为孩子着想
- 变革会遇到强大的阻力
- 教师们会对花园无动于衷
- 这可能对于在课堂上捣乱的孩子是件好事儿
- 我必须这样做吗？
- 学校场地尚未开发
- 学校场地非常荒芜
- 校园土地紧凑有限且贫瘠
- 教师不会参与其中
- 日常教学已经有足够多的干扰
- 我的孩子在午餐时间没有地方可以玩耍

黑色帽子

"黑色帽子"代表阴郁和消极的响应。

- 工作场所的健康和安全问题将是成功的障碍
- 当老师离开学校后会发生什么
- 谁会在假期照顾花园
- 学校花园会把一些不应该在学校里出现的人引入校园
- 园艺工作会让人在处理手头工作时分心
- 在户外很不舒适
- 很多孩子都是过敏体质
- 我找不到任何恰当的理由支持我们在学校里建花园

黄色帽子

"黄色帽子"代表有关学校花园积极的主张。

- 在我们面临的问题里，孩子需要成为解决方案的一部分
- 为了他们的健康幸福，他们需要了解优质食品
- 他们可以学习如何种植和备制自己的食物
- 学习可以是基于现有课程的
- 花园是孩子们学习的地方
- 花园是娱乐的地方
- 有些孩子将会在花园里学得最好
- 学习可以"动手"
- 儿童善于做实验
- 学习是实实在在的，不是抽象的
- 社区会提供帮助
- 我们应该看看其他学校都在做什么

绿色帽子

"绿色帽子"代表新的思路，这是人们可以发挥创造力和"天马行空"的地方。

- 每个班级都可以有一个花园项目
- 在学校堆肥很容易

- 有可用的资金
- 我们可以申请资金
- 我希望看到许多不同类型的花园
- 我们可以建立一个户外教室
- 我们可以引入动物
- 我们可以改善校园的环境质量
- 我们可以"软化"学校的风景
- 我们可以去除一些沥青

蓝色帽子

"蓝色帽子"是用于总结讨论内容，并决定如何继续向前发展。

- 本次会议的总体感觉是积极行动
- 我们应该成立一个委员会，以推动这一进程
- 我们需要跟所有利益相关者交流，包括儿童

六顶思考帽的做法是简化思维的行之有效的策略。这种做法已经在各种情况下得到成功的应用，如企业、行政、政府和教学，以及任何涉及群体决策的情况。有些学校会向孩子们教授这一方法，以提高他们的思维能力。

种植

- 选择适合你所在地区的植物
- 在正确的时间种植
- 要注意植物的生长习性
- 在教室里用浅底育苗盘来培育幼苗或让种子在其中萌发

学校里的可食花园

轻松开始的诀窍：

- 从小规模做起
- 与孩子一起头脑风暴，讨论设计理念和基址选择
- 将它安置在靠近教室的地方或经常有人光顾的遮荫棚附近
- 场地要靠近水源
- 进行简单的土壤测试
- 营造不翻耕种植床，使用地膜覆盖技术
- 种植蔬菜、香草和花卉
- 选择多年生植物和两年生植物，当然也要有一年生植物
- 选择能够持久自播的植物
- 帮助孩子们开展一些工作

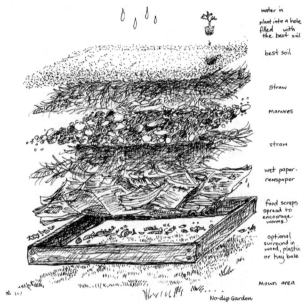

营造一个不翻耕花园（厚土种植法）

尽可能多地收集免费物品

- 报纸
- 锯末
- 堆肥
- 老肥（经过发酵的动物粪肥）
- 用来铺设边角和路径的旧砖
- 用于边缘处理的木材
- 草莓匍匐茎
- 籽苗

- 孩子们可以轻松处理长有4株或6株植物的浅底育苗盘
- 不需要手套，但需要指甲刷
- 使它成为一件快乐的事，为它拍照并开始记录
- 给所有孩子布置作业，即使只是观察和报告

孩子们喜欢种和吃的植物

- 樱桃西红柿（cherry tomatoes）
- 豌豆和蚕豆（peas and beans）
- 草莓（strawberries）
- 香菜（parsley）
- 生菜（lettuce）
- 蓝莓（blueberries）

停下来庆祝

- 围成一圈来正式启动新园
- 给它命名并祝愿它能有一个好收成
- 承诺要照顾花园，在成熟之前不采摘任何东西
- 告诉其他孩子花园的规则
- 拍摄大量照片并记录

扩 张

当第一个种植床运作顺利且孩子们都焦急地等待第一次收获时，就是扩张花园的好时机了。

一些想法

- 再建一个不翻耕种植床
- 在两者之间修一条小路
- 种植藤蔓植物，如南瓜（pumpkins）、黄瓜（cucumber）和哈密瓜（rock melon）
- 拓展一年生植物的范围——玉米（corn）、甜菜（beetroot）、中国卷心菜（Chinese cabbage）、罗马番茄（roma tomatoes）

技 术

- 在花园里开展轮作是个好主意，在下一季种植时不要把同样的作物种在同一个地方
- 如果可能的话，用节约下来的水浇灌花园
- 通过覆盖土壤来减少杂草
- 考虑伴生种植

芦笋（asparagus）+ 豆（beans）+ 罗勒（basil）+ 西红柿（tomatoes）

萝卜（radish）+ 胡萝卜（carrot）

玉米（corn）+ 豆类（beans）

卷心菜（cabbages）+ 西红柿（tomatoes）

加入孩子喜欢的东西

- 路径和步道
- 果树和葡萄藤

- 香草园和花园
- 池塘和鸡
- 蚯蚓养殖床和堆肥堆
- 放置水箱和水罐的区域
- 栅栏和圆锥形爬藤棚架
- 花园里的艺术创作和手工艺作品
- 稻草人
- 堆肥箱或堆肥分隔栏
- 土豆农场
- 有大树遮阴且可以玩泥巴的地方
- 石头和锯末
- 隐藏洞穴和小房间
- 苗圃
- 讲故事树
- 给老师坐的宽大的花园座椅……

想要了解更多的想法可翻到93页，参看"学校花园的细节"。

如何让花园成为孩子们自己的花园

- 激发孩子的积极性
- 选择他们喜欢吃的植物
- 生长快的植物更好，如生菜（lettuce）、萝卜（radish）、向日葵（sunflowers）
- 工具应该是真的，而不是玩具
- 堆肥时用儿童手套，徒手种植
- 路径和边缘是有趣的，并且相信孩子们可以设计这些设施
- 给他们每个人安排一项重要工作
- 庆祝并让他们感到自己很重要

花园规则

孩子需要指导才能在花园里开展恰当的活动。如果不了解植物生长需求，他们就无法完成很多有益的工作。以下是可以放置在教室里或花园中的标语。有幽默感的标语总是能受到大家的欢迎和关

注，例如"擅闯花园者将被做成堆肥"。

- 不要从我的床（种植床）上踩过去，谢谢
- 我还没有准备好[1]被带走呢
- 别选我，我还没有准备好被吃掉呢
- 请勿打扰！植物们正在床（种植床）上睡觉
- 孩子们很忙
- 不要玩弄你的食物
- 如果花儿是朋友，我会选你
- 豆子在那儿，快挖
- 给小豌豆一个机会
- 爬起来像只猴子，不要像块砖一样掉下来哦

这仅仅是一些标识牌的样板，你可以安放到花园里，引导孩子的行为。孩子们需要知道花园里的行为规范，标识牌越有趣，效果越好。

结 论

每个学校花园都可能在未来得到校长的授权。巨大的热情正在加入这项事业中，户外教室作为朴门永续的实践，将食物来源、烹饪厨房及可食花园嵌入了教学课程，在各地如雨后春笋般发展起来，不断收到教师们关于开展此项活动的正面回馈。

从教育景观的引路先锋那里，我们获取了大量的事实证据：学校花园可以提供广泛而有效的学习体验，在很多方面支持推行可持续发展的环境教育课程。学校花园被证明是很有效的方法，对于生态的理解、对于食品和健康问题的认知、技能和价值观建设以及对于核心科目的学习都大有助益。

这种方法是体验式学习，教师通过让孩子们"动手做"来习得智慧。由于教师在学校花园场地中对教学和学习机会的积极探索，学校花园支持孩子学习的积极潜力已经得到了释放。

犹如杰克爬上魔豆进入另一个世界，孩子们可以跟随花园的生长，进入一个可以获取丰厚回报的奇妙之地。通过管理一块菜地，他们可以了解自然的工作方式。这可以很好地帮助他们了解自己：他们是谁，他们要到哪里去，以及他们可以做什么。他们可以学习和实践自力更生，变得足智多谋，还能为提高自己和他人的生活品质做贡献。

与孩子们一起爬上魔豆的老师也会获得丰厚的回报。

学校花园里充满了生命和生活的智慧，选择"走出去"的教师会发现那里有丰富的宝藏。户外教室其实就在你的家门口。

让我们一起快乐园艺吧！

注 释

Part I

1 维多利亚州（Victoria）是澳大利亚首府墨尔本所在的州，有"花园之州"的美誉。

2 昆士兰州（Queensland）是澳大利亚的六个州之一，世界上最大的珊瑚礁群大堡礁所在地。矿业、农业和旅游业是该州经济的三大支柱产业。

3 Cuisenairerod：一些长1～10厘米的棒子，数学教具，能辅助学生理解数学概念，比如四则运算、分数、寻找因数

4 DickandDora：系列儿童绘本，迪克、朵拉与一条小狗和一只猫的冒险之旅。

5 ZoneC，C取用英文单词"children"（儿童）的首字母C，意为儿童区。在朴门永续设计中有一个规划分区的原则，按照使用者光顾的频繁程度，分为1～5区，这里的"C区"为专属的儿童区，是对朴门设计原理的一大拓展和创新。

6 一个社区支持教育（CSE）的网络，他们激励、支持和分享来自教育者、艺术家和设计师的关于自然和社区的集体智慧。https://www.permiekids.com

7 阿德莱德市（Adelaide），澳大利亚东南部港市，南澳大利亚州首府。

8 这里的讨论是指如转基因、克隆技术等连接科技与伦理的探讨。

9 感谢如图所示的墨尔本克利夫顿山的斯本斯利小学花园。

Part II

1 Renault4：一种老式汽车。

2 PARENTSANDCITIZENS的缩写，意思是家长与公民。该组织是一个免费的公共教育系统，包容各种文化、性别、学术能力和社会经济地位的家长。该组织认为父母作为合作伙伴，在教育过程中有权利和责任发挥积极作用教育他们的孩子。更

多信息详见http://www.pandc.org.au/。

3 多元智能理论是由美国哈佛大学教育研究院的心理发展学家霍华德·加德纳(HowardGardner)在1983年提出的。加德纳认为过去对智力的定义过于狭窄，未能正确反映一个人的真实能力。他在《心智的架构》（FramesofMind,Gardner,1983）这本书里提出，人类的智能至少可以分成8个范畴：语言、数理逻辑、空间、身体-运动、音乐、人际、自然探索。

4 格拉瑟博士提出了评定品质学校的6条标准和方法。详情请参考http://www.wglasser.com/quality-schools。

5 生态位是生态学中的一个重要概念，主要指在自然生态系统中一个种群在时间、空间上的位置及其与相关种群间的功能关系（李博，《生态学》）。

6 热质量等同于热容，即一个主体的存储热量的能力。

7 先锋物种是一个生态学概念，指得是一个生态群落的演替早期阶段或演替中期阶段的物种。先锋物种常在生态恢复中被使用，对于一个受到破坏、丧失原有动植物群落的环境，先锋物种相对容易生存和繁衍，帮助土地恢复活力。

8 豆科植物有固氮作用，根瘤菌（Rhizobium）与豆科植物共生，形成根瘤并固定空气中的氮，为植物提供氮肥。在生态修复和土壤改良中，豆科植物可用于土壤肥力的恢复。

9 棕地（BrownfieldSite）：美国的"棕地"最早、最权威的概念界定，是由1980年美国国会通过的《环境应对、赔偿和责任综合法》（ComprehensiveEnvironmentalResponse, Compensation, andLiabilityAct，CERCLA）做出的。根据该法的规定，棕地是一些不动产，这些不动产因为现实的或潜在的有害和危险物的污染，而影响到它们的扩展、振兴和重新利用。

10 如竹叶、桉树叶，排他性较强不适宜做堆肥或覆盖，含有抑制其他作物生长的化学物质。

11 含有丰富的有益菌和荷尔蒙。

12 糖蜜是将甘蔗或甜菜制成食糖的加工过程中的副产品，一般是棕黑色黏稠液体。浓缩榨汁在分离出白糖后余下的

都是糖蜜，因此含有比白糖更丰富的营养物质，常用于环保酵素制作。

13 1 英寸 =2.54 厘米

14 一种曼陀罗花园，以圆弧形或匙空状的边界为特征的园床几何形态。在不踩踏园床内部的前提下，将园床的面积最大化，而且将人行走的距离最小化。

15 作者在澳大利亚，位于南半球，在讲述南北朝向的时候，情况与中国相反。

16 初期降雨时，前 2 ~ 5mm 的雨水一般污染严重，流量也比较小。在雨水收集中通常避免收集这部分雨水，要将其排出，这样的装置系统，被称为雨水初期弃流装置。

17 http://europa.eu/rapid/press-release_IP-03-1278_en.htm

18 《播下种子：重新连接伦敦的儿童与自然》

19 《到户外去学习：你该走多远？》（英国标准教育部）

20 http://www.eco-schools.org

21 斯库台建城于公元前4世纪，原为古伊利里亚人所建王国之一，公元前168年为古罗马攻占。

22 BushTucker：丛林食物；被澳大利亚原住民当作食物的任何动物、昆虫、植物或植物提取成分等。

23 澳大利亚在南半球，季节和我们所在的北半球相反，相当于中国的暑假。

24 澳新军团日，是纪念1915年的4月25日在加里波利之战牺牲的澳大利亚和新西兰军团将士的日子。澳新军团日在澳大利亚和新西兰现均被定为公众假日，是两国最重要的节日之一。

Part III

1 各种叶子尖硬如针、如刺的植物集合在一起的花园，这些植物一般都较耐旱，如巴西铁、龙舌兰、芦荟、各种仙人掌、凤尾兰等。

2 蒲福风级是英国人蒲福（FrancisBeaufort）于1805年根据风对地面（或海面）物体的影响程度而定出的风力等级。

3 指国家、州（省）和地方三级政府。

Part IV

1 埃克曼螺旋（EkmanSpiral）是指海洋表面附近的海流因为风和科氏力的作用造成海流方向旋转的结构，又称为埃克曼螺线。

2 冯·卡门涡街是一种流体（空气）动力学的数学模型，在比尔·莫里森的书中提到它的应用。

3 分形，又称碎形、残形，是指一个几何形状可以分成数个部分，且每一部分都（至少近似）是整体缩小后的形状，即具有自相似的性质。

4 安息角指散料在堆放时能够保持自然稳定状态的最大角度。

5 维恩图是英国逻辑学家维恩制定的一种类逻辑图解，可用来表示多个集合之间的逻辑关系。

6 描述大气边界层（除大气近地面层）内风矢随高度变化的一种模式分布。

7 "曼德尔勃特集合"是一款Android平台的应用，可以使用它来创建Mandelbrot集，甚至墙纸，和电影！

Part V

1 原文为"IamnotreadytobepickedorDon'tPickMe"。"notready"既表示没准备好，也有尚未成熟的意思，"Pick"既有挑选也有采摘的意思，此标识牌一语双关的戏谑成分会让人看后莞尔一笑而更容易接受提醒。

参考文献

Alexander, S, Kitchen Garden Cooking for Kids, Penguin, Australia 2006

Cushing, H, Beyond Organics, Gardening for the Future, ABC Books, Sydney, 2005

Cox, M, Imagine.... School Grounds as 'Learnscapes', My Coot-tha Botanic Gardens, 1991

Deans, E, Gardening Book: Growing Without Digging, Harper and Son, Sydney. 1977

Deans, E, Leaves of Light, Harper Collins, Australia, 1991

Dewey, J, Democracy and Education, Macmillan, London, 1916

Education for a Sustainable Future, Commonwealth of Australia, 2005

De Bono, E, Six Thinking Hats, Penguin, London. 1985

Fanton, J, and Immig, J, Seed to Seed: Food Gardens in Schools, The Seed Savers Network, Byron Bay, 2007

French, J, Companion Planting, Aird Books, Melbourne, 1991

French, J, Soil Food, Avid Book, Melbourne, 1995

Gardener, H, Multiple Intelligences: The Theory in Practice, USA, 1993

Glasser, W, Choice Theory: A New Pedagogy of Personal Freedom, Harper Collins. 1998

Heinberg, R, The Party's Over, New Society Publishers, Canada, 2003

Holmgren, D, Permaculture Principles and Pathways Beyond Sustainability, , Permanent Publications, UK, 2002

Lancaster, B, Rainwater Harvesting for Drylands, Rainsource Press. Arizona, 2006

Lovelock, J, The Revenge of Gaia. Allen Lane, UK, 2006

Mars, R, Getting Started in Permaculture, Permanent Publications, UK, 1988

Mars, R, The Basics of Permaculture Design, Permanent Publications, UK, 2003

Mollison, B, Holmgren, D, Permaculture One, Transworld Publishers. Australia, 1978

Mollison, B Permaculture Two, Tagari, Australia, 1979

Mollison, B, Permaculture: A Designers' Manual, Tagari, Tyalgum, Australia, 1998

Mollison, B, Introduction to Permaculture, Tagari, Tyalgum 1991

Morrow, R, Earth User's Guide to Permaculture, Permanent Publications, UK, 2006

Nuttall, C, A Children's Food Forest: An Outdoor Classroom, Fefl Books, Australia, 1996

Tate, C, The Influence of Trees in the Classroom on Learning, SFA Arboretum, Texas, USA

The Unschooled Mind: How Children Think and Schools Should Teach. Basic Books, 1993

Van Matre, S, Earth Education A New Beginning, The Institute of Earth Education, West Virginia, USA, 1990

White, M, The Nature of Hidden Worlds, Reed, Chatswood,1990

Whitehead, G (ed), Planting the Nation, Australian Garden History Society, Victoria, 2001

Wise, T, Gardens for Children, Kangaroo Press, Kenthurst, 1986

Woodward, P, Vardy, P, Community Gardens, Hyland House, Victoria, 2005